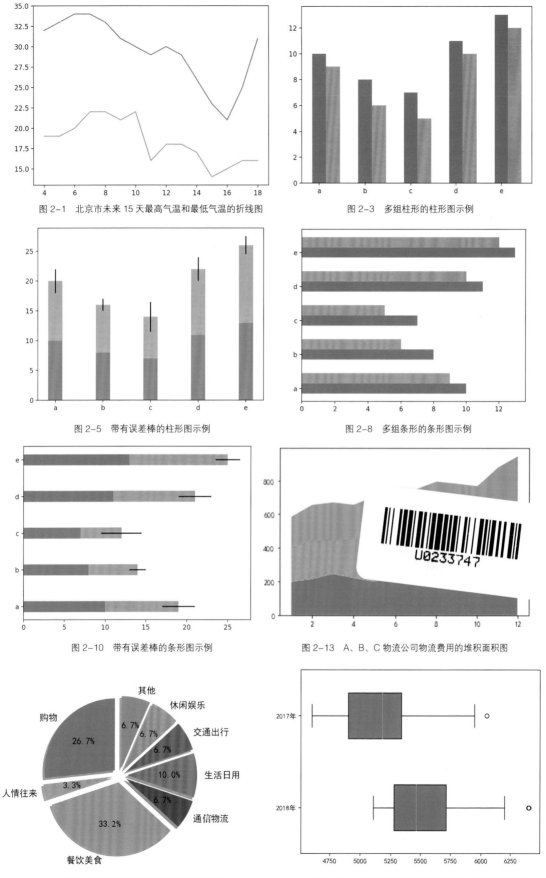

图 2-1　北京市未来 15 天最高气温和最低气温的折线图

图 2-3　多组柱形的柱形图示例

图 2-5　带有误差棒的柱形图示例

图 2-8　多组条形的条形图示例

图 2-10　带有误差棒的条形图示例

图 2-13　A、B、C 物流公司物流费用的堆积面积图

图 2-17　用户 A 某月支付宝账单报告的饼图

图 2-21　2017 年和 2018 年全国发电量统计的箱形图

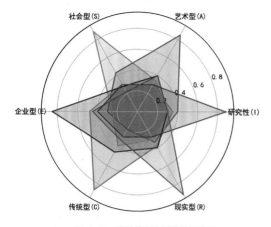

图 2-22　霍兰德职业测试的雷达图

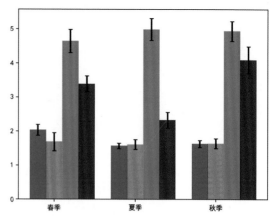

图 2-24　4 个树种不同季节的细根生物量的误差棒图

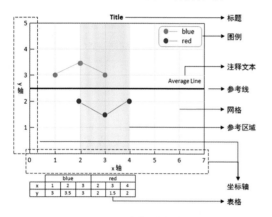

图 3-1　图表常用的辅助元素

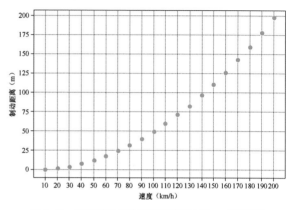

图 3-10　汽车速度与制动距离关系的散点图——添加网格

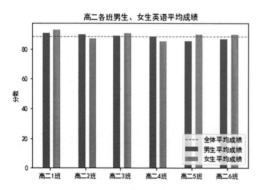

图 3-13　高二各班男生、女生英语平均成绩的柱形图

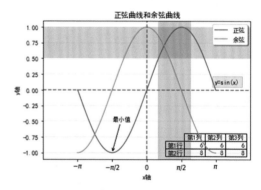

图 3-18　正弦和余弦曲线图——添加数据表格

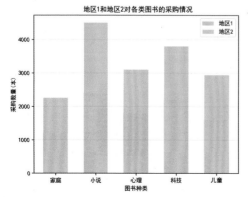

图 4-1　地区 1 和地区 2 对各类图书的采购情况

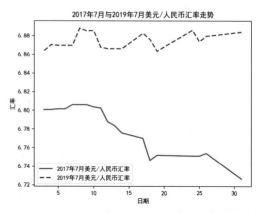

图 4-3　2017 年 7 月与 2019 年 7 月美元 / 人民币汇率走势

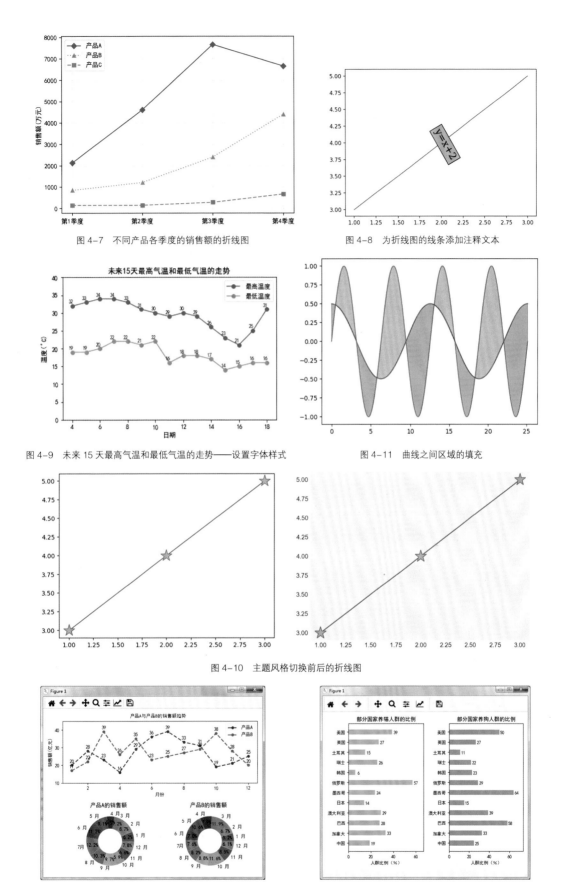

图 4-7　不同产品各季度的销售额的折线图

图 4-8　为折线图的线条添加注释文本

图 4-9　未来 15 天最高气温和最低气温的走势——设置字体样式

图 4-11　曲线之间区域的填充

图 4-10　主题风格切换前后的折线图

图 5-6　比较产品 A 和产品 B 销售趋势和销售额占比的子图

图 5-8　部分国家养猫人群比例与养狗人群比例的子图

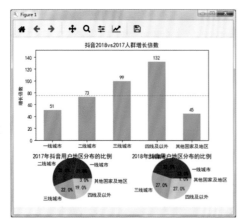

图 5-10　2017 年 3—5 月与 2018 年 3—5 月抖音用户地区分布比例和人群增长倍数的子图

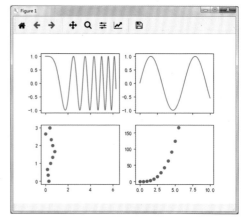

图 5-12　每列子图共享 x 轴

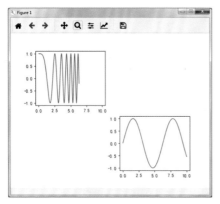

图 5-13　共享非相邻子图的 x 轴

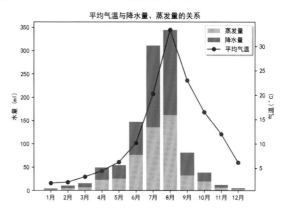

图 5-14　某地区全年平均气温与降水量、蒸发量的关系

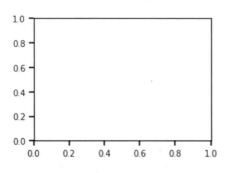

图 6-3　调整坐标轴的刻度样式

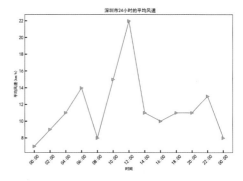

图 6-4　深圳市 24 小时的平均风速

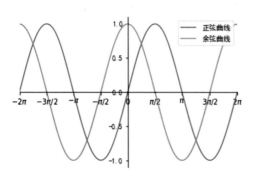

图 6-10　正弦曲线和余弦曲线

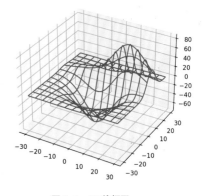

图 7-1　3D 线框图

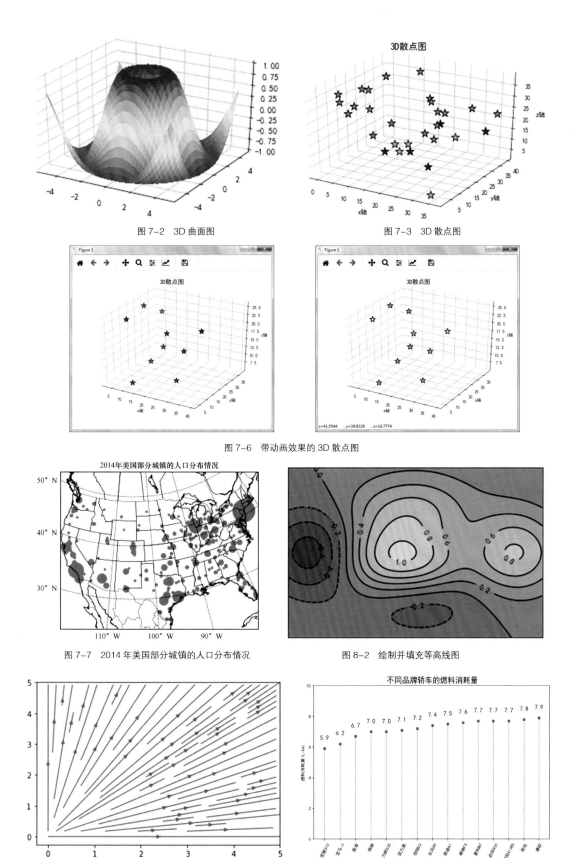

图 7-2　3D 曲面图

图 7-3　3D 散点图

图 7-6　带动画效果的 3D 散点图

图 7-7　2014 年美国部分城镇的人口分布情况

图 8-2　绘制并填充等高线图

图 8-4　模拟某磁场的网格数据绘制矢量场流线图

图 8-6　不同品牌轿车的燃料消耗量

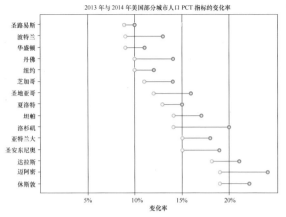

图 8-9　2013 年与 2014 年美国部分城市人口 PCT 指标的变化率

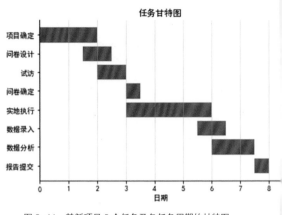

图 8-11　某新项目 8 个任务及各任务周期的甘特图

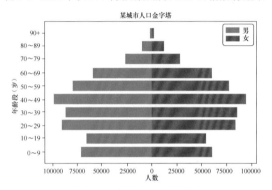

图 8-14　某城市人口金字塔图

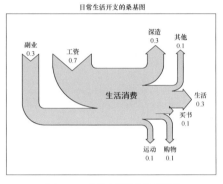

图 8-18　日常生活开支的桑基图

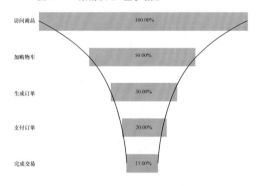

图 8-16　某电商平台各环节的客户转化率的漏斗图

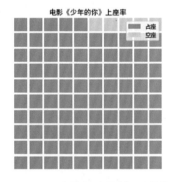

图 8-22　电影《少年的你》上座率的华夫饼图

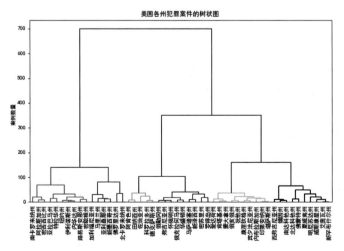

图 8-20　美国各州犯罪案件的树状图

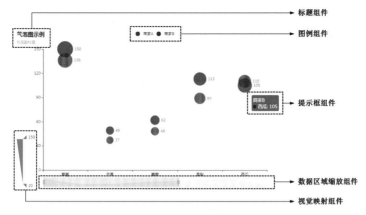

图 9-1　ECharts 气泡图

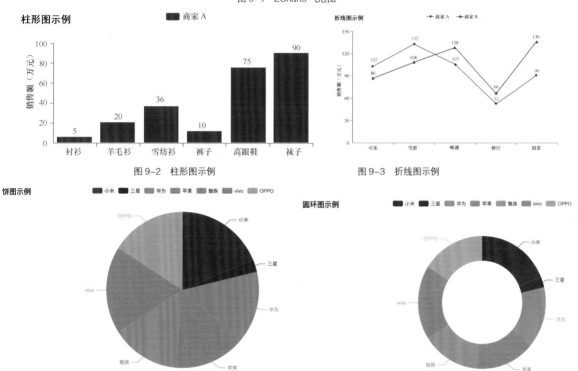

图 9-2　柱形图示例

图 9-3　折线图示例

图 9-4　饼图示例

图 9-5　圆环图示例

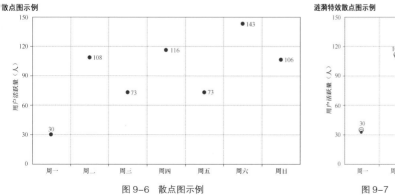

图 9-6　散点图示例

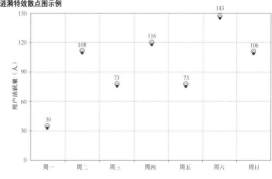

图 9-7　涟漪特效散点图示例

3D 柱形图示例

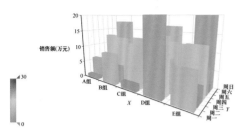

图 9-8　3D 柱形图示例

漏斗图示例

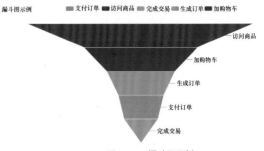

图 9-10　漏斗图示例

桑基图示例

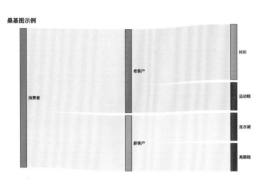

图 9-11　桑基图示例

柱形图-ROMA主题

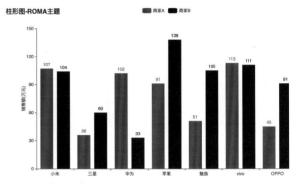

图 9-16　柱形图——ROMA 主题

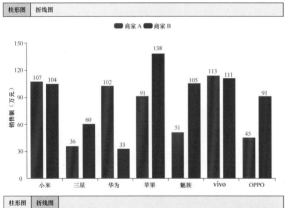

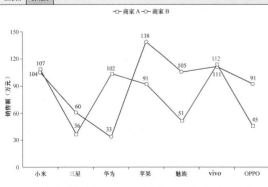

图 9-14　以选项卡形式显示的柱形图 + 折线图示例

时间线轮播柱形图示例

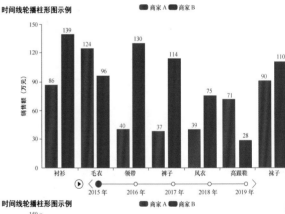

时间线轮播柱形图示例

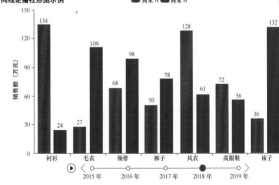

图 9-15　时间线轮播柱形图示例

工业和信息化"十三五"
人才培养规划教材

黑马程序员◉编著

附教学
资源

Python

数据可视化

人民邮电出版社

北 京

图书在版编目（CIP）数据

Python数据可视化 / 黑马程序员编著. -- 北京：
人民邮电出版社，2021.4（2024.6重印）
工业和信息化"十三五"人才培养规划教材
ISBN 978-7-115-54513-8

Ⅰ．①P… Ⅱ．①黑… Ⅲ．①软件工具－程序设计－
高等学校－教材 Ⅳ．①TP311.561

中国版本图书馆CIP数据核字(2020)第131262号

内 容 提 要

本书采用理论与实例相结合的形式，以 Anaconda 3 为主要开发工具，全面地介绍了 Python 数据可视化的相关知识。全书共分为 9 章，第 1 章介绍数据可视化与 matplotlib 的入门知识；第 2～8 章全面地介绍 matplotlib 的核心知识，包括使用 matplotlib 绘制简单图表、图表辅助元素的定制、图表样式的美化、子图的绘制及坐标轴共享、坐标轴的定制、绘制 3D 图表和统计地图、使用 matplotlib 绘制高级图表；第 9 章介绍 pyecharts 的基础知识。除了第 1 章，其他章都配有丰富的实例，读者可以边学边练习，巩固所学知识，并在实践中提升实际开发能力。

本书既可作为高等教育本、专科院校计算机相关专业的教材，也可作为数据可视化技术爱好者的入门书籍。

◆ 编　　著　黑马程序员
　　责任编辑　范博涛
　　责任印制　彭志环

◆ 人民邮电出版社出版发行　　北京市丰台区成寿寺路 11 号
　　邮编　100164　电子邮件　315@ptpress.com.cn
　　网址　https://www.ptpress.com.cn
　　北京市艺辉印刷有限公司印刷

◆ 开本：787×1092　1/16　　　　彩插：4
　　印张：14.5　　　　　　　　　2021 年 4 月第 1 版
　　字数：355 千字　　　　　　　2024 年 6 月北京第 11 次印刷

定价：49.80 元

读者服务热线：(010)81055256　印装质量热线：(010)81055316
反盗版热线：(010)81055315
广告经营许可证：京东市监广登字 20170147 号

FOREWORD

 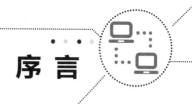

本书的创作公司——江苏传智播客教育科技股份有限公司（简称"传智教育"）作为我国第一个实现 A 股 IPO 上市的教育企业，是一家培养高精尖数字化专业人才的公司，主要培养人工智能、大数据、智能制造、软件开发、区块链、数据分析、网络营销、新媒体等领域的人才。传智教育自成立以来贯彻国家科技发展战略，讲授的内容涵盖了各种前沿技术，已向我国高科技企业输送数十万名技术人员，为企业数字化转型、升级提供了强有力的人才支撑。

传智教育的教师团队由一批来自互联网企业或研究机构，且拥有 10 年以上开发经验的 IT 从业人员组成，他们负责研究、开发教学模式和课程内容。传智教育具有完善的课程研发体系，一直走在整个行业的前列，在行业内树立了良好的口碑。传智教育在教育领域有 2 个子品牌：黑马程序员和院校邦。

一、黑马程序员——高端 IT 教育品牌

黑马程序员的学员多为大学毕业后想从事 IT 行业，但各方面的条件还达不到岗位要求的年轻人。黑马程序员的学员筛选制度非常严格，包括了严格的技术测试、自学能力测试、性格测试、压力测试、品德测试等。严格的筛选制度确保了学员质量，可在一定程度上降低企业的用人风险。

自黑马程序员成立以来，教学研发团队一直致力于打造精品课程资源，不断在产、学、研 3 个层面创新自己的执教理念与教学方针，并集中黑马程序员的优势力量，有针对性地出版了计算机系列教材百余种，制作教学视频数百套，发表各类技术文章数千篇。

二、院校邦——院校服务品牌

院校邦以"协万千院校育人、助天下英才圆梦"为核心理念，立足于中国职业教育改革，为高校提供健全的校企合作解决方案，通过原创教材、高校教辅平台、师资培训、院校公开课、实习实训、协同育人、专业共建、"传智杯"大赛等，形成了系统的高校合作模式。院校邦旨在帮助高校深化教学改革，实现高校人才培养与企业发展的合作共赢。

（一）为学生提供的配套服务

1. 请同学们登录"传智高校学习平台"，免费获取海量学习资源。该平台可以帮助同学们解决各类学习问题。

2. 针对学习过程中存在的压力过大等问题，院校邦为同学们量身打造了 IT 学习小助手——邦小苑，可为同学们提供教材配套学习资源。同学们快来关注"邦小苑"微信公众号。

（二）为教师提供的配套服务

1. 院校邦为其所有教材精心设计了"教案+授课资源+考试系统+题库+教学辅助案例"的系列教学资源。教师可登录"传智高校教辅平台"免费使用。

2. 针对教学过程中存在的授课压力过大等问题，教师可添加"码大牛"QQ（2770814393），或者添加"码大牛"微信（18910502673），获取最新的教学辅助资源。

前言
Preface

　　本书在编写的过程中，结合党的二十大精神进教材、进课堂、进头脑的要求，将知识教育与思想政治教育相结合，通过案例加深学生对知识的认识与理解，让学生在学习新兴技术的同时了解国家在科技方面的发展的伟大成果，提升学生的民族自豪感，引导学生树立正确的世界观、人生观和价值观，进一步提升学生的职业素养，落实德才兼备的高素质卓越工程师和高技能人才的培养要求。此外。编者依据书中的内容提供了线上学习资源，体现现代信息技术与教育教学的深度融合，进一步推动教育数字化发展。

　　在大数据时代背景下，数据在数量层次和维度层次上都较以前有了很大变化，导致人们很难从海量数据中快速获取重要信息，如何从海量数据中快速甄选有效信息变得至关重要。数据可视化便是上述问题的理想解决方案，它遵循"数据图示化"的理念，通过饼图、柱形图、散点图等图表展示数据，帮助用户快速挖掘数据中隐藏的重要信息。

　　Python 在数据可视化方面有非常成熟的库，比如基础的数据可视化库 matplotlib、后来兴起的可视化库 pyecharts 等，使用这些库可以轻松绘制丰富的图表。

◆ 为什么要学习本书

　　数据可视化是数据分析的重要环节。市面上某些介绍 Python 数据可视化的图书在内容编排和知识讲解上不够通俗易懂，使得初学者对数据可视化缺乏系统的认识。本书站在初学者的角度，循序渐进地介绍了数据可视化的基础知识及数据可视化库，帮助读者理解数据可视化的原理，并具备独立编写数据可视化程序的能力。

　　在内容编排上，本书采用"知识介绍＋代码示例＋实例练习"的模式，既有普适性的讲解，又提供了充足的实例，使读者在学习知识的同时增强实际应用能力；在内容配置上，本书涵盖数据可视化的基础知识、matplotlib 的核心知识及 pyecharts 的基础知识。通过学习本书，读者可以理解数据可视化的概念，掌握数据可视化工具的使用方法，从而具备使用数据可视化工具开发程序的能力。

◆ 如何使用本书

　　本书在 Windows 平台上基于 Anaconda 3 讲解数据可视化的相关知识。全书分为 9 章，各章内容分别如下。

　　第 1 章主要介绍数据可视化的入门知识，包括数据可视化概述、常见的数据可视化库、初识 matplotlib 及使用 matplotlib 绘制第一个图表。通过学习本章的内容，读者能够理解数据可视化的过程和方式，能够独立搭建开发环境，并对 matplotlib 开发有一个初步的认识，为后续的学习做好铺垫。

第 2 章主要介绍使用 matplotlib 绘制简单图表，包括折线图、柱形图或堆积柱形图、条形图或堆积条形图、堆积面积图、直方图、饼图或圆环图、散点图或气泡图、箱形图、雷达图、误差棒图。通过学习本章的内容，读者能够掌握绘图函数的用法，为后续的学习打好扎实的基础。

第 3 章主要介绍图表辅助元素的定制，包括认识图表常用的辅助元素、设置坐标轴的标签、设置刻度范围和刻度标签、添加标题和图例、显示网格、添加参考线和参考区域、添加注释文本、添加表格。通过学习本章的内容，读者能够理解常见图表辅助元素的作用，为图表选择合适的辅助元素。

第 4 章主要介绍图表样式的美化，包括图表样式概述、使用颜色、选择线型、添加数据标记、设置字体、切换主题风格和填充区域。通过学习本章的内容，读者能够理解图表美化的意义，并可以采用合理的方式美化图表。

第 5 章主要介绍子图的绘制及坐标轴共享，包括绘制固定区域和自定义区域的子图、共享子图的坐标轴和子图的布局。通过学习本章的内容，读者能够理解子图的意义，可以自由地规划画布并绘制子图。

第 6 章主要介绍坐标轴定制的相关知识，包括坐标轴概述、向任意位置添加坐标轴、定制刻度、隐藏轴脊和移动轴脊。通过学习本章的内容，读者能够按照自己的需求定制坐标轴，使坐标轴更好地服务于图表。

第 7 章主要介绍绘制 3D 图表和统计地图，包括使用 mplot3d 绘制 3D 图表、使用 animation 制作动图和使用 basemap 绘制统计地图。通过学习本章的内容，读者能够掌握这些工具的基本用法。

第 8 章主要介绍使用 matplotlib 绘制高级图表，包括等高线图、矢量场流线图、棉棒图、哑铃图、甘特图、人口金字塔图、漏斗图、桑基图、树状图和华夫饼图。通过学习本章的内容，读者能够了解常用的高级图表的特点，并且可以使用 matplotlib 绘制常用的高级图表。

第 9 章主要介绍新兴的、优秀的数据可视化库 pyecharts，包括 pyecharts 概述、pyecharts 基础知识、绘制常用图表、绘制组合图表、定制图表主题、整合 Web 框架，并围绕着这些知识点讲解一个实例——虎扑社区分析。通过学习本章的内容，读者能够掌握 pyecharts 库的基本用法。

在学习的过程中如果遇到困难，建议读者不要纠结于某个地方，可以先往后学习。通常来讲，通过逐渐深入的学习，前面不懂和疑惑的到后面也就能理解了。在学习的过程中，一定要多动手实践，如果在实践的过程中遇到问题，建议多思考，理清思路，认真分析问题发生的原因，并在问题解决后总结经验。

◆ 致谢

本书的编写和整理工作由传智播客教育科技股份有限公司完成，主要参与人员有高美云、王晓娟等，全体人员在近一年的编写过程中付出了很多辛勤的汗水，在此一并表示衷心的感谢。

◆ 意见反馈

尽管我们付出了最大的努力，但书中难免会有不妥之处，欢迎读者朋友们来信提出宝贵意见，我们将不胜感激。您在阅读本书时，如发现任何问题或不认同之处可以通过电子邮件与我们取得联系，电子邮箱：itcast_book@vip.sina.com。

黑马程序员
2023 年 5 月于北京

目录 Contents

P ython 数据可视化

第 1 章

数据可视化与 matplotlib

学习目标

★ 了解什么是数据可视化

★ 熟悉数据可视化的方式，可以选择正确的数据可视化图表

★ 了解常见的数据可视化工具

★ 认识 matplotlib，可以在 Python 环境中安装 matplotlib

★ 掌握 matplotlib 的基本用法，可以使用两种方式绘制图表

随着大数据时代的到来，各行各业产生的数据呈指数级增长。为了从海量数据中智能地获取有价值的信息，数据可视化技术越来越受到人们的关注，它秉持"化繁为简""数据图示化"的理念，使用图形、图表等可视化方式来直观地展示数据，使数据分析变得越发简单且高效。

Python 作为数据分析领域的重要语言，它拥有很多优秀且强大的数据可视化库，使用这些库可以轻松地将数据转换为图形结构，极大地提高了开发人员的工作效率。matplotlib 作为 Python 众多数据可视化库的鼻祖，因其具有简单易用、定制性强等特点受到了很多业界人士的追捧。下面将带领大家了解可视化的基础知识、配置好开发环境，并学会使用 matplotlib 开发可视化程序。

1.1　数据可视化概述

1.1.1　什么是数据可视化

数据可视化有着非常久远的历史，最早可以追溯至远古时期。在远古时期，人类的祖先通过画图的方式记录对周围生活环境的认知；随着社会的发展，人类对世界的认知有了发展，已经能够灵活地运用柱形图、折线图等展示数据；随着计算机的普及，人们逐渐开始使用计算机生成更加丰富的图形。研究表明，80% 的人能记得所看到的事物，而只有 20% 的人能记得所阅读的文字。因此，相较于文字类型的数据，人眼对图形的敏感度更高，记忆的时间更久。

数据可视化是借助图形化的手段将一组数据以图形的形式表示，并利用数据分析和开发工具发现其中未知信息的数据处理过程。数据可视化其实是一个抽象的过程，简单来说就是将一个不易描述的事物形成一个可感知画面的过程，即从数据空间到图形空间的映射，如图 1-1 所示。

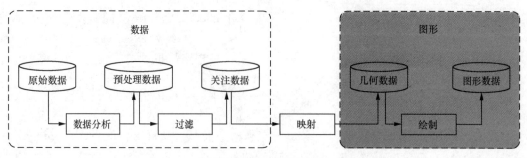

图 1-1　数据可视化的过程

无论原始数据被映射为哪种图形数据，最终要达到的目的只有一个——准确、高效、全面地传递信息，进而建立起数据间的关系，使人们发现数据间的规律和特征，并挖掘出有价值的信息，从而提高数据沟通的效率。换言之，数据可视化能实现让数据说话的目的。

为了让读者直观地看出文字数据与图形数据之间的差异，下面通过一个 KPI（Key Performance Indicator，关键绩效指标）报告的示例进行说明。假设某公司员工在整理全年 KPI 报告时准备了表格和图形两种形式的数据，分别如图 1-2 和图 1-3 所示。

季度	实际值	目标值	差距值
Q1	73.58%	73.51%	0.07%
Q2	74.61%	73.51%	1.10%
Q3	72.61%	73.51%	−0.90%
Q4	73.94%	73.51%	0.43%
年累计	73.61%	73.51%	0.10%

图 1-2　KPI 报告——表格

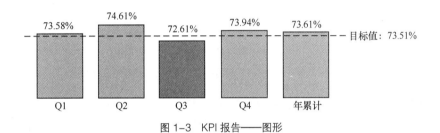

图 1-3　KPI 报告——图形

图 1-2 中，表格列举了各季度的实际值、目标值和差距值，方便公司领导快速地知道具体的数值，但无法快速地了解各季度之间的比较情况。在图 1-3 中，每个矩形条的高度代表各季度实际值的多少，矩形条的上方标注了具体的值，下方标注了季度或年累计；虚线位置对应各季度目标值的多少；矩形条的颜色区分了是否完成指标的情况：填充蓝色的矩形条代表已完成指标的季度，填充红色的矩形条代表未完成指标的季度。由图 1-3 可知，Q3 对应的矩形条是红色的，说明 Q3 未完成工作指标；Q2 对应矩形条的高度超过虚线且距离最远，说明该季度的工作完成得最好。公司领导通过图形可以快速且准确地了解各季度的情况，以便对公司下一年的工作做出有效决策。

综上所述，数据可视化是数据分析工作中重要的一环，对数据潜在价值的挖掘有着深远的影响。随着数据可视化平台的拓展、表现形式的变化，以及实时动态效果、用户交互使用等功能的增加，数据可视化的内涵正在不断扩大，相信数据可视化的应用领域会越来越广泛。

1.1.2　常见的数据可视化方式

我们通常所说的数据可视化是指狭义的数据可视化，即将数据以图表的方式进行呈现，常见于 PPT、报表、新闻等场景。图表是数据可视化最基础的应用，它代表图形化的数据，通常以所用的图形符号命名，例如使用圆形符号的饼图、使用线条符号的折线图等。下面介绍一些常见的图表，并结合一些应用场景给出图表示例。

1. 折线图

折线图是将数据标注成点，并通过直线将这些点按某种顺序连接而成的图表，它以折线的方式形象地反映事物沿某个维度的变化趋势，能够清晰地展示数据增减的趋势、速率、规律及峰值等特征。折线图一般将时间序列作为 x 轴的数据，将时间序列对应的数值作为 y 轴的数据，适用于反映具有固定时间间隔的数据的变化趋势的场景，例如股票分析、天气预报等。例如，海口市 4 月 23—29 日的最高气温和最低气温的变化情况如图 1-4 所示。

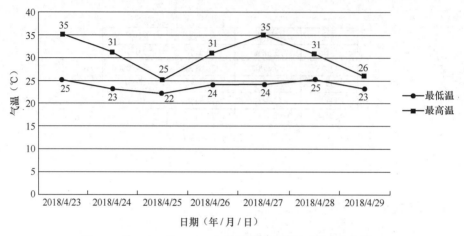

图 1-4　海口市 4 月 23—29 日的最高气温和最低气温的变化情况

2. 柱形图

柱形图是由一系列宽度相等的纵向矩形条组成的图表，它利用矩形条的高度表示数值，以此反映不同分类数据之间的差异。柱形图一般将分类作为 x 轴的数据，将各分类对应的值作为 y 轴的数据，适用于中小规模数据集的各分类之间比较的场景。例如，2015—2018 年阿里巴巴公司的营业收入情况如图 1-5 所示。

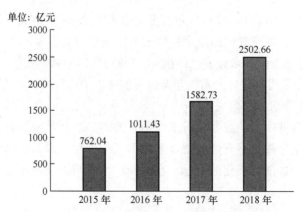

图 1-5　2015—2018 年阿里巴巴公司的营业收入情况

3. 条形图

条形图是横置的柱形图，由一系列高度相等、长短不一的横向矩形条组成。与柱形图相比，条形图更适用于矩形条数量较多的场合，但一般建议矩形条的数量不超过 30 个。例如，2019 年上半年快手用户对各类商品广告的关注率如图 1-6 所示。

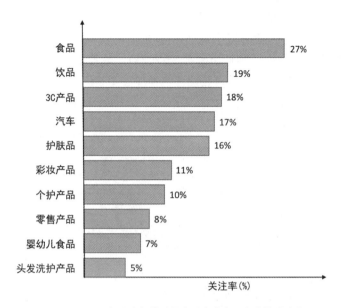

图 1-6　2019 年上半年快手用户对各类商品广告的关注率

4. 堆积图

堆积图分为堆积面积图、堆积柱形图和堆积条形图。其中堆积面积图是由若干折线与折线或水平坐标轴之间的填充区域组成的图表，它的最大区域是一个代表所有数据总和的整体，堆积的各区域代表各组数据，用于反映整体与部分的关系；堆积柱形图和堆积条形图是由若干个以颜色或线条填充、高度不一的纵向矩形条或横向矩形条堆叠而成的图表，用于反映每个构成部分在总体中的比重。例如，2017 年全球及各地区一次性能源的消费结构如图 1-7 所示。

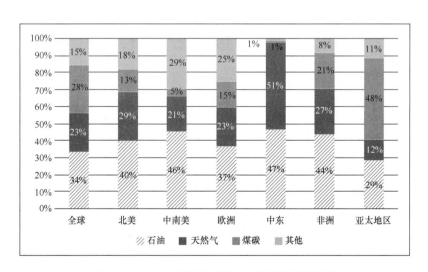

图 1-7　2017 年全球及各地区一次性能源的消费结构

5. 直方图

直方图又称质量分布图，是由一系列高低不等的纵向矩形条或线段组成的图表，用于反映数据的分布和波动情况。直方图通常将连续型数据分割成若干个不重叠的值范围分段，以此作为 x 轴的数据，将每个范围分段中统计的值频率作为 y 轴的数据，适用于了解产品质量的分布规律、估算施工过程中的不合格率等工程领域，或者识别人脸特征的人工智能领域。例如，某厂商对 100 个抽样产品的质量级别评定情况如图 1-8 所示。

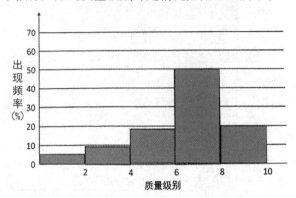

图 1-8   某厂商对 100 个抽样产品的质量级别评定情况

注意：

柱形图与直方图展示的效果非常相似，但两者又有所不同，主要区别为：

（1）柱形图用于展示离散型数据（记录不同类别的数据）的分布，而直方图用于展示连续型数据（一定区间内连续数值所组成的数据）的分布；

（2）柱形图的各矩形条之间具有固定的间隙，而直方图的各矩形条之间没有任何间隙。

6. 箱形图

箱形图又称盒须图、箱线图，是一种利用数据中的 5 个统计量（最小值、下四分位数、中位数、上四分位数和最大值）描述数据的图表，主要用于反映一组或多组数据的对称性、分布程度等信息，因形状如箱子而得名。箱形图能够识别异常值、判断偏态与尾重、比较数据形状，适用于品质管理的场景。例如，不同厂家所产地毯的耐用性比较如图 1-9 所示。

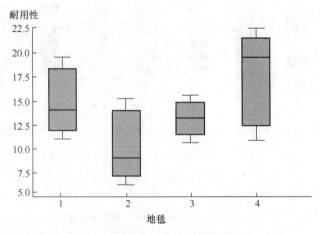

图 1-9   不同厂家所产地毯的耐用性比较

图 1-9 中 4 个图形从左到右依次代表厂家 1、厂家 2、厂家 3 和厂家 4 所产的地毯。由

图 1-9 可知，每个图形的结构相同，包括一个矩形箱体、上下两条竖线、上下两条横线，其中箱体代表数据的集中范围，上下两条竖线分别代表数据向上和向下的延伸范围，上下两条横线分别代表最大值和最小值。若数据中存在异常值（也称为离群值），则会以圆圈的形式显示到图中横线上方或下方。为了便于理解，下面通过图 1-10 来描述箱形的结构及异常值。

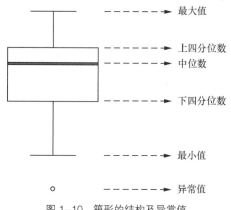

图 1-10　箱形的结构及异常值

7. 饼图

饼图是由若干个面积大小不一、以条形或颜色填充的扇形组成的圆形图表，它使用圆表示数据的总量，组成圆的每个扇形表示数据中各项占总量的比例大小，主要用于显示数据中各项大小与各项总和的比例。饼图中的圆与扇形分别代表整体与部分，可以形象地展示数据整体与各项数据的关系，适用于快速了解整体数据中各项数据分配情况的场景。例如，2018年全国居民的人均消费支出情况如图 1-11 所示。

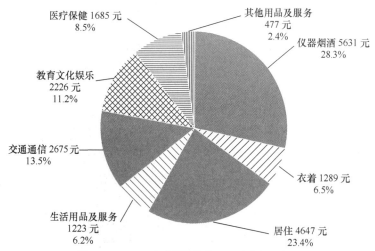

图 1-11　2018 年全国居民的人均消费支出情况

值得一提的是，圆环图也能显示各项与整体之间的关系，它使用圆环表示整体，组成圆环的每个楔形表示各项的占比，外形像空心的圆饼。与饼图相比，圆环图可以展示多组数据的比例，但并不容易被人们理解，很多时候可以用堆积柱形图或堆积条形图替代。

8. 散点图

散点图又称 X-Y 图，是由若干个数据点组成的图表，主要用于判断两变量之间是否存

在某种关联，或者总结数据点的分布模式。散点图中数据点的分布情况可以体现变量之间的
相关性：若所有的数据点在一条直线附近呈波动趋势，说明变量之间是线性相关的；若数据
点在曲线附近呈波动趋势，说明变量之间是非线性相关的；若数据点没有显示任何关系，说
明变量之间是不相关的，常见于分析两变量相关性的场景。例如，股票回报率与基金回报率
的投资分析情况如图 1-12 所示。

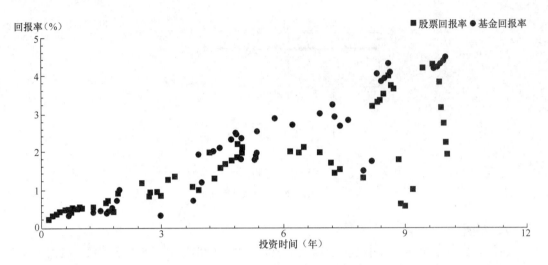

图 1-12　股票回报率与基金回报率的投资分析情况

9. 气泡图

气泡图是散点图的变形，它是一种能够展示多变量关系的图表。气泡图一般使用两个变
量标注气泡在坐标系中的位置，使用第 3 个变量标注气泡的面积，适用于分类数据对比、多
变量相关性等情况，常见于财务数据分析中。例如，第 1 梯队和第 2 梯队主流 App 用户量与
上线时间的分布情况如图 1-13 所示。

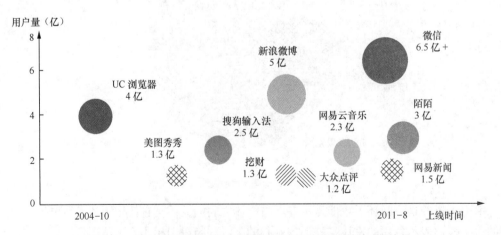

图 1-13　第 1 梯队和第 2 梯队主流 App 用户量与上线时间的分布情况

值得一提的是，气泡图中过多的气泡会增加图表的阅读难度，因此气泡的数量不宜过多。
为了能在有限的气泡中展示更多的信息，可以给气泡图中的气泡加入交互功能，单击该气泡

即可查看其隐藏的信息。

10. 误差棒图

　　误差棒图是使用误差棒注明被测量数据的不确定度大小的图表，用于表示测量数据中客观存在的测量偏差（标准差或标准误差）。误差棒图中误差棒是以被测量数据的平均值为中点，在表示测量值大小的方向上画出的一条线段，线段长度的一半为不确定度。例如，某城市上半年降雨量的统计分析如图 1-14 所示。

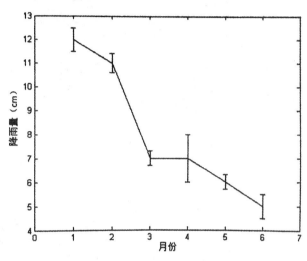

图 1-14　某城市上半年降雨量的统计分析

11. 雷达图

　　雷达图又称蜘蛛网图、星状图、极区图，由一组坐标轴和多个等距同心圆或多边形组成，是一种表现多维（4 维以上）数据的图表。雷达图中的坐标轴起始于同一个圆心点，结束于最外围圆周边缘，每个坐标轴代表一个指标，其上面会将多个维度的数据映射成点，连接数据点围成一个多边形，适用于对多指标对象做出全局性、整体性评价的场景，常见于企业经营状况的评价和财务分析。例如，某人通过霍兰德职业兴趣测试的结果如图 1-15 所示。

12. 统计地图

　　统计地图是一种以地图为背景，使用各种线纹、色彩、几何图形或实物形象标注指标数值及其在不同地理位置的分布状况的图表。统计地图主要用于说明某些现象在地域上的分布，适用于

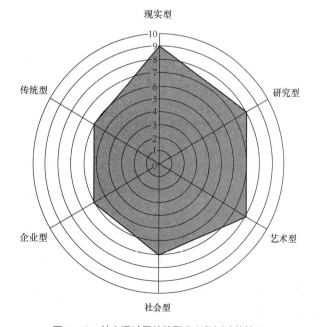

图 1-15　某人通过霍兰德职业兴趣测试的结果

比较人口、资源、产量等在各地区的分布情况。例如，某平台朔州市用户的地域分布情况如图 1-16 所示。

图 1-16　某平台朔州市用户的地域分布情况

13. 3D 图表

3D 图表是一类在三维坐标系中呈现数据的图表。常用的 3D 图表包括 3D 散点图、3D 折线图、3D 曲面图、3D 直方图、3D 柱形图等。与 2D 图表相比，3D 图表的效果更为酷炫，其在视觉上的表现力更强，且可仿真很多场景，适用于金融、气象、地理、建筑、交通等场景。例如，豆粕期权隐含波动率如图 1-17 所示。

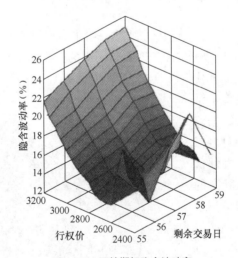

图 1-17　豆粕期权隐含波动率

1.1.3　选择正确的数据可视化图表

数据可视化的图表类型十分丰富，好的图表可以有效、清晰地呈现数据的信息。对于用户而言，选择正确的图表是十分关键的，不仅可以达到"一图胜千言"的效果，而且会直接影响分析的结果。

　　用户选择正确的数据可视化图表前，需要明确数据的逻辑关系。数据的逻辑关系可分为4种：比较、分布、构成和联系。其中，比较关系主要关注数据中各类别或时间变化的情况；分布关系主要关注不同数值范围内包含数据量的情况；构成关系主要关注各部分与整体占比的情况；联系关系主要关注两个及两个以上的变量之间关系的情况。

　　数据可视化专家基于以上 4 种关系对图表的选择思路进行了总结，引导用户逐步明确需求，从而帮助用户快速且正确地选择图表。下面分别介绍基于比较、分布、构成和联系关系的数据可选择的图表，具体内容如下。

1．基于比较关系可选择的图表

　　基于比较关系的数据可选择的图表如图 1-18 所示。

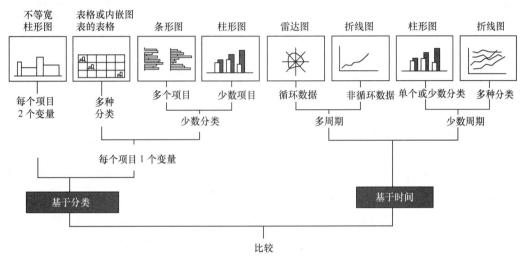

图 1-18　基于比较关系可选择的图表

　　由图 1-18 可知，若数据按照时间进行比较，当数据周期少时可以选择柱形图或折线图，当数据周期多时可以选择雷达图或折线图；若数据按分类进行比较，当每个项目中仅包含 1 个变量时可以选择表格、条形图或柱形图，当每个项目包含
2 个变量时可以选择不等宽柱形图。

2．基于分布关系可选择的图表

　　基于分布关系的数据可选择的图表如图 1-19 所示。

　　由图 1-19 可知，基于分布关系的数据包括单变量（例如文化程度）、2 个变量（例如文化程度与收入期望）、3 个变量（例如文化程度、收入期望与工作经验）。若数据为单变量，可以选择直方图或正态分布图；若数据为 2 个变量，可以选择散点图；若数据为 3 个变量，可以选择曲面图。

3．基于构成关系可选择的图表

　　基于构成关系的数据可选择的图表如图 1-20 所示。

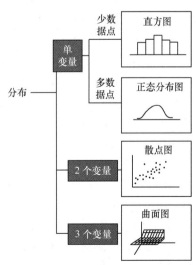

图 1-19　基于分布关系可选择的图表

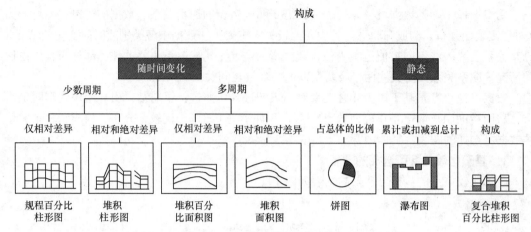

图 1-20　基于构成关系可选择的图表

由图 1-20 可知，基于构成关系的数据按照是否变化可分为静态数据和随时间变化的数据。若是静态数据，可以选择饼图、瀑布图或堆积柱形图；若为随时间变化的数据，则先按照周期数分为少数周期数据和多周期数据，对于少数周期数据可以选择堆积柱形图，对于多周期数据可以选择堆积面积图。

4. 基于联系关系可选择的图表

基于联系关系的数据可选择的图表如图 1-21 所示。

由图 1-21 可知，若数据中包含 2 个变量，可以选择散点图进行展示；若数据中包含 3 个变量，可以选择气泡图进行展示。

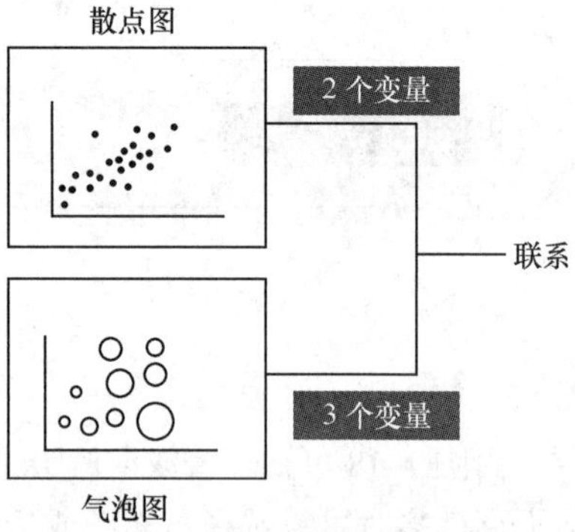

图 1-21　基于联系关系可选择的图表

1.2　常见的数据可视化库

Python 作为数据分析的重要语言，它为数据分析的每个环节都提供了很多库。常见的数据可视化库包括 matplotlib、seaborn、ggplot、bokeh、pygal、pyecharts，下面将逐一介绍。

1. matplotlib

matplotlib 是 Python 中众多数据可视化库的鼻祖，其设计风格与 20 世纪 80 年代设计的商业化程序语言 MATLAB 十分接近，具有很多强大且复杂的可视化功能。matplotlib 包含多种类型的 API（Application Program Interface，应用程序接口），可以采用多种方式绘制图表并对图表进行定制。

2. seaborn

seaborn 是基于 matplotlib 进行高级封装的可视化库，它支持交互式界面，使绘制图表的功能变得更简单，且图表的色彩更具吸引力，可以画出丰富多样的统计图表。

3. ggplot

ggplot 是基于 matplotlib 并旨在以简单方式提高 matplotlib 可视化感染力的库，它采用叠加图层的形式绘制图形。例如，先绘制坐标轴所在的图层，再绘制点所在的图层，最后绘制线所在的图层，但其并不适用于个性化定制图形。此外，ggplot2 为 R 语言准备了一个接口，其中的一些 API 虽然不适用于 Python，但适用于 R 语言，并且功能十分强大。

4. bokeh

bokeh 是一个交互式的可视化库，它支持使用 Web 浏览器展示，可使用快速简单的方式将大型数据集转换成高性能的、可交互的、结构简单的图表。

5. pygal

pygal 是一个可缩放矢量图表库，用于生成可在浏览器中打开的 SVG（Scalable Vector Graphics）格式的图表，这种图表能够在不同比例的屏幕上自动缩放，方便用户交互。

6. pyecharts

pyecharts 是一个生成 ECharts（Enterprise Charts，商业产品图表）的库，它生成的 ECharts 凭借良好的交互性、精巧的设计得到了众多开发者的认可。

尽管 Python 在 matplotlib 库的基础上封装了很多轻量级的数据可视化库，但万变不离其宗，掌握基础库 matplotlib 的使用既可以使读者理解数据可视化的底层原理，也可以使读者具备快速学习其他数据可视化库的能力。本书主要详细介绍 matplotlib 库的功能，第 9 章会简单介绍 pyecharts 库的部分功能。

1.3 初识 matplotlib

1.3.1 matplotlib 概述

matplotlib 是一个由约翰·亨特（John Hunter）等人员开发的、主要用于绘制 2D 图表的 Python 库，它支持 numpy、pandas 的数据结构，具有丰富的绘制图表、定制图表元素（图例、注释文本、表格等）或样式（如颜色、字体、线型等）的功能，可以帮助开发人员轻松获得高质量的图表。此外，matplotlib 还可用于绘制一些 3D 图表。

matplotlib 实际上是一个面向对象的绘图库，它所绘制的图表元素均对应一个对象。但 matplotlib 在设计之初仿照 MATLAB，它提供了一套与 MATLAB 命令类似的 API，方便熟悉 MATLAB 的用户进行开发。matplotlib 官网提供了 3 种 API：pyplot API、object-oriented API、pylab API。

1. pyplot API

pyplot API 是使用 pyplot 模块开发的接口，该接口的底层封装了一系列与 MATLAB 命令同名的函数，使用这些函数可以像使用 MATLAB 命令一样快速地绘制图表。

当使用 pyplot API 绘图时，需要先使用 "import matplotlib.pyplot as plt" 语句导入 pyplot 模块，之后使用该模块调用绘图函数即可在当前的画布和绘图区域中绘制图表。pyplot API 屏蔽了底层画布和绘图区域的创建细节，可以持续跟踪当前的画布和绘图区域。

对于熟悉 MATLAB 的用户而言，使用 pyplot API 会非常得心应手；对于不熟悉 MATLAB 的用户而言，只需花费少量的时间就可以掌握 pyplot API 的函数。虽然 pyplot API 的用法极其简单，但是 pyplot API 隐藏了 matplotlib 中一系列具有隶属关系的绘图对象，使初学者十分容易产生混淆。

2. object-oriented API

object-oriented API 是面向对象的接口，该接口包含一系列对应图表元素的类，只有创建这些类的对象并按照隶属关系组合到一起才能完成一次完整的绘图。

当使用 object-oriented API 绘图时，用户需要先创建画布（Figure 类对象），再在该画布上添加拥有坐标系统的绘图区域（Axes 类对象），最后在该绘图区域中调用绘图方法绘制图表。

与使用 pyplot API 的方式相比，object-oriented API 不仅使用户能明确绘图对象的隶属关系，而且可以自由地定制绘图对象，但 object-oriented API 接近 matplotlib 基础和底层，学习难度稍大，仅实现一个简单功能便需要编写不少的代码。

3．pylab API

pylab API 是使用 pylab 模块开发的接口，它最初是为了模仿 MATLAB 的工作方式而设计的，包括 pyplot、numpy 模块及一些其他附加功能，适用于 Python 交互环境中。

当使用 pylab API 绘图时，用户需要将 pylab 模块的所有函数导入单独的命名空间中，以便很好地实现交互模式，但可能会发生一些未知的错误行为。matplotlib 官方不建议使用 pylab API 进行开发，并在最新的版本中弃用了 pylab API。

用户在使用时可以根据自身的实际情况进行选择，若只是需要快速地绘制图表，可以选择 pyplot API 进行开发；若需要自定义图表，可以选择 object-oriented API 进行开发。

1.3.2　安装 matplotlib

在安装 matplotlib 前，需要先确保计算机中已经配置好 Python 开发环境。matplotlib 的安装方式有很多种，既可以使用 pip 命令直接安装，也可以使用 Anaconda 工具进行安装。

Anaconda 是一个开源的 Python 发行版本，包括 conda、Python 环境，以及诸如 numpy、pandas、matplotlib、scipy 等 180 多个科学计算包，既可以在同一台计算机上安装不同版本的软件包和依赖项，也可以在不同环境之间进行切换，非常适合初学者使用。下面以在 Windows 系统中安装 Anaconda 为例进行演示，具体步骤如下。

（1）从 Anaconda 官网下载安装文件，双击启动安装程序，进入欢迎使用 Anaconda3 的界面，如图 1-22 所示。

（2）单击图 1-22 的【Next】按钮进入要求用户接受许可协议的界面，如图 1-23 所示。

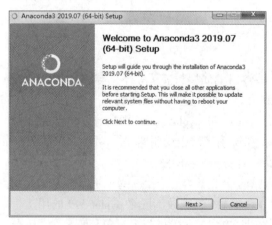
图 1-22　安装 Anaconda——欢迎界面

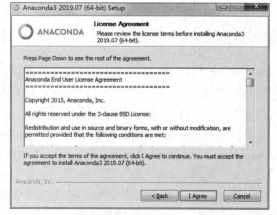
图 1-23　安装 Anaconda——许可协议

（3）单击图 1-23 的【I Agree】按钮进入用户选择安装类型的界面，如图 1-24 所示。

（4）这里选择采用 "Just Me" 方式进行安装。单击图 1-24 的【Next】按钮进入用户选择 Anaconda 安装位置的界面，默认安装路径为 "C:\Users\admin\Anaconda3"，如图 1-25 所示。

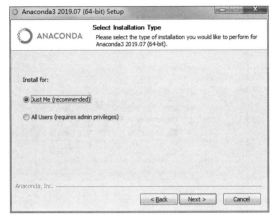

图 1-24　安装 Anaconda——选择安装类型

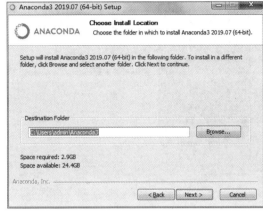

图 1-25　安装 Anaconda——选择安装位置

（5）保持默认配置。单击图 1-25 的【Next】按钮进入设置高级安装选项的界面，如图 1-26 所示。

图 1-26 中包含两个高级选项，第 1 个选项为将 Anaconda 添加到计算机的环境变量中，第 2 个选项为允许 Anaconda 使用 Python 3.7，这里保持默认配置。

（6）单击图 1-26 的【Install】按钮进入开始安装的界面，待安装完成后直接进入安装完成的界面，如图 1-27 所示。

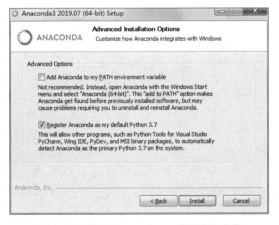

图 1-26　安装 Anaconda——高级安装选项

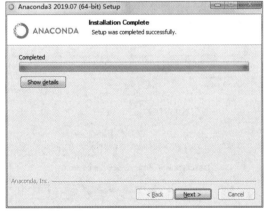

图 1-27　安装 Anaconda——安装完成

（7）单击图 1-27 的【Next】按钮，进入介绍 Anaconda3 信息的界面，再次单击【Next】按钮进入谢谢安装 Anaconda3 的界面，如图 1-28 所示。

单击图 1-28 的【Finish】按钮，自动在默认的浏览器中打开登录或注册 "Anaconda Cloud" 的界面，直接关闭即可。此时，Anaconda 工具已经自动安装了 matplotlib 库。

（8）为了验证 Anaconda 是否安装了 matplotlib，单击计算机的【开始】→【所有程序】→【Anaconda3(64-bit)】，可以看到 "Anaconda3 (64-bit)" 目录中包含多个组件，如图 1-29 所示。

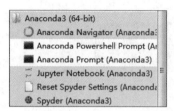

图 1-28　安装 Anaconda—谢谢安装　　　　　图 1-29　Anaconda3 (64-bit) 目录

Anaconda3 (64-bit) 目录下的主要组件如下。

·Anaconda Navigator (Anaconda3)：Anaconda 发行版中包含的图形用户界面，允许用户在不使用命令的情况下启动程序并轻松管理包。

·Anaconda Prompt (Anaconda3)：Anaconda 发行版中自带的命令行工具，允许用户使用conda 命令管理包。

·Jupyter Notebook (Anaconda3)：基于 Web 的交互计算的应用程序，支持实时代码、数学方程和可视化。

（9）单击"Jupyter Notebook (Anaconda3)"启动程序，并在默认的浏览器中打开 Jupyter Notebook 工具，再次单击"AnacondaProjects"进入存放程序文件的目录，此时该目录中还没有任何程序文件，如图 1-30 所示。

图 1-30　Anaconda Projects 目录

（10）单击图 1-30 的【New】→【Python 3】按钮，即可创建并打开一个由系统自动命名的"Untitled.ipynb"文件，在"Untitled.ipynb"文件中编写导入 pyplot 模块的语句，如图 1-31 所示。

（11）单击图 1-31 的【运行】按钮，程序未出现任何异常信息，表明 matplotlib 安装成功。

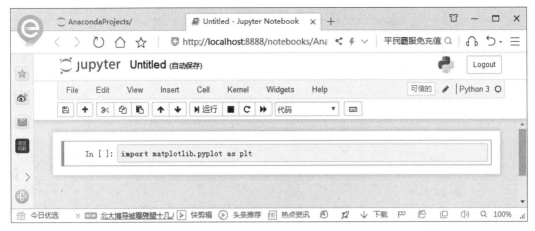

图 1-31　Untitled.ipynb 文件

注意：

  Jupyter Notebook 与其他集成开发环境相比，它可以重现整个数据分析的过程，并将代码、公式、注释、图表和结论整合到一个文档中。因此本书后续会使用 Jupyter Notebook 工具进行开发，也建议初学者使用这个工具。

1.4　使用 matplotlib 绘制图表

  matplotlib 库仅需开发人员编写几行代码即可绘制一个图表。下面结合面向对象的方式使用 matplotlib 库绘制一个简单的图表，示例代码如下：

```
In [1]:
import numpy as np
import matplotlib.pyplot as plt
data = np.array([1, 2, 3, 4, 5])      # 准备数据
fig = plt.figure()                    # 创建代表画布的 Figure 类的对象 fig
ax = fig.add_subplot(111)             # 在画布 fig 上添加拥有坐标系风格的绘图区域 ax
ax.plot(data)                         # 绘制图表
plt.show()                            # 展示图表
```

  以上代码首先导入了 numpy 模块、pyplot 模块，并将这两个模块分别取别名为 np、plt，其次创建了一个包含 5 个元素的数组 data，然后调用 figure() 函数创建了一个代表画布的 Figure 类的对象 fig，调用 add_subplot() 方法在画布上添加拥有坐标系的绘图区域 ax，调用 plot() 方法在绘图区域中根据 data 绘制图表，最后调用 show() 函数展示图表。

  需要说明的是，当调用 plot() 方法绘制图表时，若只是传入了单个列表或数组，则会将传入的列表或数组作为 y 轴的数据，并自动生成一个与该列表或数组长度相同的、首位元素为 0 的递增序列作为 x 轴的数据，即 [0,1,2,3,4]。

  运行上面的程序，效果如图 1-32 所示。

  从图 1-32 可以看出，图表的图形是一条直线，位于由两个坐标轴及边框围成的区域中。

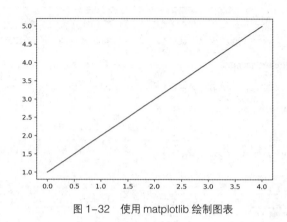

图 1-32　使用 matplotlib 绘制图表

下面使用 pyplot 的函数快速地绘制同一个图表，示例代码如下：

```
In [2]:
import numpy as np
import matplotlib.pyplot as plt      # 导入 pyplot 模块
data = np.array([1, 2, 3, 4, 5])     # 准备数据
plt.plot(data)                        # 在当前画布的绘图区域中绘制图表
plt.show()                            # 展示图表
```

以上代码首先导入了 numpy 模块、pyplot 模块，并将这两个模块分别取别名为 np、plt，其次创建了一个包含 5 个元素的数组 data，然后调用 plot() 函数在当前的绘图区域中根据 data 绘制图表，最后调用 show() 函数展示图表。

运行上面的程序，效果与图 1-32 的图表完全相同。

通过比较前面的两个示例代码可以发现，第二个示例使用更少的代码便绘制了同一个图表。

▌ **注意：**

plot() 函数与 plot() 方法的参数用法是相同的，它们唯一的区别在于 plot() 函数缺少 self 参数，可以直接被 pyplot 模块调用；而 plot() 方法只能被 Axes 类的对象调用。

▌ **多学一招：matplotlib所绘图形的层次结构**

假设想画一幅素描，首先需要在画架上放置并固定一个画板，然后在画板上放置并固定一张画布，最后在画布上画图。同理，使用 matplotlib 库绘制的图形并非只有一层结构，它也是由多层结构组成的，以便对每层结构进行单独设置。

使用 matplotlib 绘制的图形主要由三层组成：容器层、图像层和辅助显示层。

1. 容器层

容器层主要由 Canvas 对象、Figure 对象、Axes 对象组成，其中 Canvas 对象充当画板的角色，位于底层；Figure 对象充当画布的角色，它可以包含多个图表，位于 Canvas 对象的上方，也就是用户操作的应用层的第一层；Axes 对象充当画布中绘图区域的角色，它拥有独立的坐标系，可以将其看作一个图表，位于 Figure 对象的上方，也就是用户操作的应用层的第二层。Canvas 对象、Figure 对象、Axes 对象的层次关系如图 1-33 所示。

需要说明的是，Canvas 对象无须用户创建。Axes 对象拥有属于自己的坐标系，它可以是直角坐标系，即包含 x 轴和 y 轴的坐标系，也可以是三维坐标系（Axes 的子类 Axes3D 对象），即包含 x 轴、y 轴、z 轴的坐标系。

2. 图像层

图像层是指绘图区域内绘制的图形。例如，本节中使用 plot() 方法根据数据绘制的直线。

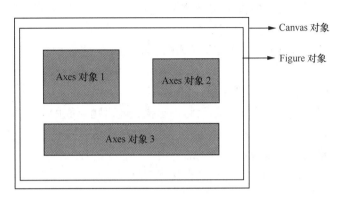

图 1-33　Canvas 对象、Figure 对象、Axes 对象的层次关系

3. 辅助显示层

辅助显示层是指绘图区域内除所绘图形之外的辅助元素，包括坐标轴（Axis 类对象，包括轴脊和刻度，其中轴脊是 Spine 类对象，刻度是 Ticker 类对象）、标题（Text 类对象）、图例（Legend 类对象）、注释文本（Text 类对象）等。辅助元素可以使图表更直观、更容易被用户理解，但是又不会对图形产生实质的影响。

需要说明的是，图像层和辅助显示层所包含的内容都位于 Axes 类对象之上，都属于图表的元素。

1.5　本章小结

本章主要介绍了数据可视化和 matplotlib 的入门知识，包括数据可视化概述、常见的数据可视化库、初识 matplotlib、使用 matplotlib 绘制图表。通过学习本章的内容，希望读者可以熟悉数据可视化的过程和方式，能够独立搭建开发环境，并对 matplotlib 开发有一个初步的认识，为后续的学习做好铺垫。

1.6　习题

一、填空题

1. 数据可视化是从数据空间到_____空间的映射。

2. 狭义的数据可视化是将数据以_____、图形、地图的方式进行呈现。

3. _____是一种利用数据中的 5 个统计量描述数据的图表。

4. matplotlib 是一个主要用于绘制_____图表的 Python 库。

5. _____提供了包管理器、环境管理器，包括诸如 numpy、pandas、matplotlib、scipy 等 180 多个科学计算包及其依赖项。

二、判断题

1. 数据可视化是一个抽象的过程。（　　　）
2. 散点图可以清晰地展示数据增减的趋势、速率、规律、峰值等特征。（　　　）
3. 柱形图与直方图展示的效果完全相同。（　　　）
4. matplotlib 只能采用面向对象的方式开发程序。（　　　）

三、选择题

1. 下列选项中，关于数据可视化描述错误的是（　　　）。
   A. 数据可视化可以简单地理解为将不易描述的事物形成可感知画面的过程
   B. 数据可视化的目的是准确、高效、全面地传递信息
   C. 数据表格是数据可视化最基础的应用
   D. 数据可视化对后期数据挖掘具有深远的影响

2. 关于常见的图表，下列描述正确的是（　　　）。
   A. 柱形图可以反映数据增减的趋势
   B. 条形图是横置的直方图
   C. 饼图用于显示数据中各项大小与各项总和的比例
   D. 雷达图是一种可以展示多变量关系的图表

3. 下列图表中，可以反映 3 个变量之间关系的是（　　　）。
   A. 折线图　　　　　B. 柱形图　　　　　C. 散点图　　　　　D. 气泡图

4. 下列哪个可视化库可以生成 ECharts 图表？（　　　）
   A. matplotlib　　　B. seaborn　　　　C. bokeh　　　　　D. pyecharts

5. 下列选项中，属于数据之间逻辑关系的是（　　　）。（多选）
   A. 比较　　　　　　B. 分布　　　　　　C. 构成　　　　　　D. 联系

四、简答题

1. 请简述数据可视化的概念。
2. 请列举 3 个常见的数据可视化图表及其特点。
3. 请简述 pyplot API 和 object-oriented API 的基本用法。

五、编程题

编写程序，分别采用面向对象和面向函数两种方式绘制正弦曲线和余弦曲线。

提示：利用 numpy 的 linspace()、sin() 或 cos() 函数生成样本数据、正弦值或余弦值。

P ython 数据可视化

第 2 章

使用 matplotlib 绘制简单图表

拓展阅读

学习目标

★ 掌握 matplotlib 的绘图函数，并能绘制简单的图表

第 1 章使用 matplotlib 快速绘制了一个图表，让读者真切体会到 matplotlib 的强大之处。matplotlib 之所以能成为如此优秀的绘图工具，离不开其丰富的 API，使用这些 API 可以轻松绘制常见的图表，使数据可视化变得轻而易举。本章将带领大家了解 matplotlib.pyplot 的绘图函数，并使用这些函数绘制简单的图表，包括折线图、柱形图或堆积柱形图、条形图或堆积条形图、堆积面积图、直方图、饼图或圆环图、散点图或气泡图、箱形图、雷达图、误差棒图。

2.1　绘制折线图

2.1.1　使用 plot() 绘制折线图

使用 pyplot 的 plot() 函数可以快速绘制折线图。plot() 函数的语法格式如下所示：

```
plot(x, y, fmt, scalex=True, scaley=True, data=None, label=None,
     *args, **kwargs)
```

该函数常用参数的含义如下。

· x：表示 x 轴的数据。

· y：表示 y 轴的数据。

· fmt：表示快速设置线条样式的格式字符串。

· label：表示应用于图例的标签文本。

plot() 函数会返回一个包含 Line2D 类对象（代表线条）的列表。

使用 pyplot 的 plot() 函数还可以绘制具有多个线条的折线图，通过以下任意一种方式均可以完成。

（1）多次调用 plot() 函数来绘制具有多个线条的折线图，示例代码如下：

```
plt.plot(x1, y1)
plt.plot(x2, y2)
```

（2）调用 plot() 函数时传入一个二维数组来绘制具有多个线条的折线图。例如，将二维数组 arr 的第一行数据作为 x 轴的数据、其他行数据全部作为 y 轴的数据，代码如下。

```
arr = np.array([[1, 2, 3], [4, 5, 6], [7, 8, 9], [10, 11, 12]])
plt.plot(arr[0], arr[1:])
```

（3）调用 plot() 函数时传入多组数据来绘制具有多个线条的折线图，示例代码如下：

```
plt.plot(x1, y1, x2, y2)
```

2.1.2　实例 1：未来 15 天最高气温和最低气温

俗话说"天有不测风云"，说明天气是变幻莫测的。人们的生活离不开天气预报，无论是居家还是外出，人们都时刻关注着天气的变化，以便随时备好伞具、增减衣服，或者为出行计划做好准备。表 2-1 是 9 月 3 日预测的北京市未来 15 天的最高气温和最低气温。

表 2-1　北京市未来 15 天的最高气温和最低气温　　　　　　　　　　单位：℃

日期	最高气温	高低气温
9 月 4 日	32	19
9 月 5 日	33	19
9 月 6 日	34	20
9 月 7 日	34	22
9 月 8 日	33	22
9 月 9 日	31	21
9 月 10 日	30	22
9 月 11 日	29	16
9 月 12 日	30	18
9 月 13 日	29	18
9 月 14 日	26	17
9 月 15 日	23	14
9 月 16 日	21	15
9 月 17 日	25	16
9 月 18 日	31	16

根据表 2-1 的数据，将"日期"这一列的数据作为 x 轴的数据，将"最高气温"和"最低气温"两列的数据作为 y 轴的数据，使用 plot() 函数绘制反映最高气温和最低气温趋势的折线图，具体代码如下。

```
In [1]:
# 01_maximum_minimum_temperatures
import matplotlib.pyplot as plt
import numpy as np
x = np.arange(4, 19)
y_max = np.array([32, 33, 34, 34, 33, 31, 30, 29, 30, 29, 26, 23, 21, 25, 31])
y_min = np.array([19, 19, 20, 22, 22, 21, 22, 16, 18, 18, 17, 14, 15, 16, 16])
# 绘制折线图
plt.plot(x, y_max)
plt.plot(x, y_min)
plt.show()
```

以上代码首先导入了 matplotlib.pyplot 和 numpy 模块，分别将这两个模块重命名为 plt 和 np，其次将表 2-1 的数据分别作为 x 轴和 y 轴的数据，然后连续两次调用 plot() 函数分别绘制了两条折线，最后调用 show() 函数进行展示。

运行程序，效果如图 2-1 所示。

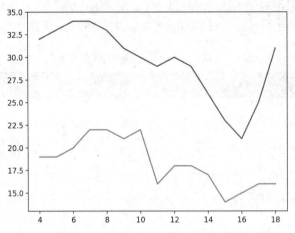

图 2-1　北京市未来 15 天最高气温和最低气温的折线图

图 2-1 中，*x* 轴代表日期，*y* 轴代表温度，位于上方的蓝色折线和下方的橙色折线分别代表最高温度和最低温度。由图 2-1 可知，北京市未来 15 天的最高气温和最低气温都呈现逐步下降后反弹的趋势。

2.2　绘制柱形图或堆积柱形图

2.2.1　使用 bar() 绘制柱形图或堆积柱形图

使用 pyplot 的 bar() 函数可以快速绘制柱形图或堆积柱形图。bar() 函数的语法格式如下所示：

```
bar(x, height, width=0.8, bottom=None, align='center',
    data=None, tick_label=None, xerr=None, yerr=None,
    error_kw=None, **kwargs)
```

该函数常用参数的含义如下。

· x：表示柱形的 *x* 坐标值。

· height：表示柱形的高度。

· width：表示柱形的宽度，默认为 0.8。

· bottom：表示柱形底部的 *y* 坐标值，默认为 0。

· align：表示柱形的对齐方式，有 'center' 和 'edge' 两个取值，其中 'center' 表示将柱形与刻度线居中对齐；'edge' 表示将柱形的左边与刻度线对齐。

· tick_label：表示柱形对应的刻度标签。

· xerr，yerr：若未设为 None，则需要为柱形图添加水平 / 垂直误差棒。

· error_kw：表示误差棒的属性字典，字典的键对应 errorbar() 函数（2.10 节会介绍）的关键字参数。

bar() 函数会返回一个 BarContainer 类的对象。BarContainer 类的对象是一个包含矩形或误

差棒的容器，它亦可以视为一个元组，可以遍历获取每个矩形条或误差棒。此外，BarContainer
类的对象也可以访问 patches 或 errorbar 属性，从而获取图表中所有的矩形条或误差棒。

例如，使用 bar() 函数绘制柱形图，代码如下。

```
In [2]:
import numpy as np
import matplotlib.pyplot as plt
x = np.arange(5)
y1 = np.array([10, 8, 7, 11, 13])
# 柱形的宽度
bar_width = 0.3
# 绘制柱形图
plt.bar(x, y1, tick_label=['a', 'b', 'c', 'd', 'e'], width=bar_width)
plt.show()
```

运行程序，效果如图 2-2 所示。

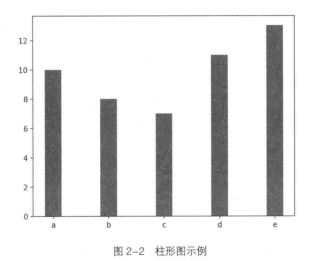

图 2-2　柱形图示例

使用 pyplot 的 bar() 函数还可以绘制具有多组柱形的柱形图。例如，使用 bar() 函数绘制
一个具有两组柱形的柱形图，代码如下。

```
In [3]:
x = np.arange(5)
y1 = np.array([10, 8, 7, 11, 13])
y2 = np.array([9, 6, 5, 10, 12])
# 柱形的宽度
bar_width = 0.3
# 根据多组数据绘制柱形图
plt.bar(x, y1, tick_label=['a', 'b', 'c', 'd', 'e'], width=bar_width)
plt.bar(x+bar_width, y2, width=bar_width)
plt.show()
```

运行程序，效果如图 2-3 所示。

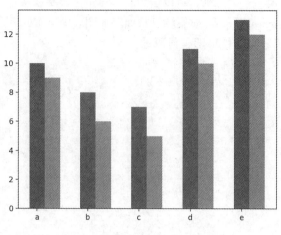

图 2-3　多组柱形的柱形图示例

　　在使用 pyplot 的 bar() 函数绘制图表时，可以通过给 bottom 参数传值的方式控制柱形的 y
值，使后绘制的柱形位于先绘制的柱形的上方。例如，使用 bar() 函数绘制由两组柱形堆叠而
成的堆积柱形图，代码如下。

```
In [4]:
# 绘制堆积柱形图
plt.bar(x, y1, tick_label=['a', 'b', 'c', 'd', 'e'], width=bar_width)
plt.bar(x, y2, bottom=y1, width=bar_width)
plt.show()
```

　　运行程序，效果如图 2-4 所示。

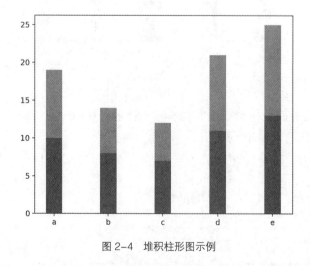

图 2-4　堆积柱形图示例

　　此外，在使用 pyplot 的 bar() 函数绘制图表时可以通过给 xerr、yerr 参数传值的方式为柱
形添加误差棒，示例代码如下：

```
In [5]:
# 偏差数据
```

```
error = [2, 1, 2.5, 2, 1.5]
# 绘制带有误差棒的柱形图
plt.bar(x, y1, tick_label=['a', 'b', 'c', 'd', 'e'], width=bar_width)
plt.bar(x, y1, bottom=y1, width=bar_width, yerr=error)
plt.show()
```

运行程序，效果如图 2-5 所示。

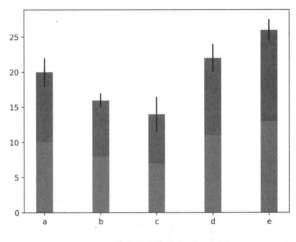

图 2-5　带有误差棒的柱形图示例

2.2.2　实例 2：2013—2019 财年某电商平台的 GMV

随着互联网与电子商务的快速发展，人们的消费模式发生了翻天覆地的变化，越来越多的消费者选择网络购物。据某公司的财务统计，2013—2019 财年该公司电商平台的 GMV（一定时间内的成交总额）如表 2-2 所示。

表 2-2　2013—2019 财年某电商平台的 GMV　　　　　　　　　　单位：亿元

财年	GMV
FY2013	10770
FY 2014	16780
FY 2015	24440
FY 2016	30920
FY 2017	37670
FY 2018	48200
FY 2019	57270

根据表 2-2 的数据，将"财年"这一列的数据作为 x 轴的刻度标签，将 GMV 这一列的数据作为 y 轴的数据，使用 bar() 函数绘制各年份对应的 GMV 的柱形图，具体代码如下。

```
In [6]:
# 02_commerce_platform_gmv
```

```
import matplotlib.pyplot as plt
import numpy as np
x = np.arange(1, 8)
y = np.array([10770, 16780, 24440, 30920, 37670, 48200, 57270])
# 绘制柱形图
plt.bar(x, y, tick_label=["FY2013", "FY2014", "FY2015",
                "FY2016", "FY2017", "FY2018", "FY2019"], width=0.5)
plt.show()
```

运行程序，效果如图 2-6 所示。

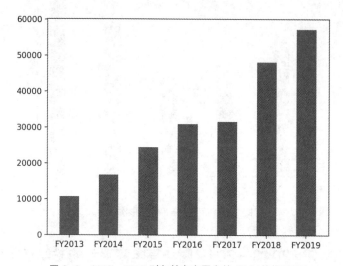

图 2-6　2013—2019 财年某电商平台的 GMV 的柱形图

图 2-6 中，x 轴代表财年，y 轴代表成交总额。由图 2-6 可知，2013—2019 财年的成交总额逐年增加。

2.3　绘制条形图或堆积条形图

2.3.1　使用 barh() 绘制条形图或堆积条形图

使用 pyplot 的 barh() 函数可以快速绘制条形图或堆积条形图，barh() 函数的语法格式如下所示：

```
barh(y, width, height=0.8, left=None, align='center', *,
     **kwargs)
```

该函数常用参数的含义如下。

· y：表示条形的 y 坐标值。

· width：表示条形的宽度，默认值为 0.8。

· height：表示条形的高度。

· left：条形左侧的 x 坐标，默认为 0。

·align：表示条形的对齐方式，有 'center' 和 'edge' 两个取值，其中 'center' 表示将条形与刻度线居中对齐；'edge' 表示将条形的底边与刻度线对齐。

barh() 函数会返回一个 BarContainer 类的对象。

例如，使用 barh() 函数绘制条形图，代码如下。

```
In [7]:
import numpy as np
import matplotlib.pyplot as plt
y = np.arange(5)
x1 = np.array([10, 8, 7, 11, 13])
# 条形的高度
bar_height = 0.3
# 绘制条形图
plt.barh(y, x1, tick_label=['a', 'b', 'c', 'd', 'e'], height=bar_height)
plt.show()
```

运行程序，效果如图 2-7 所示。

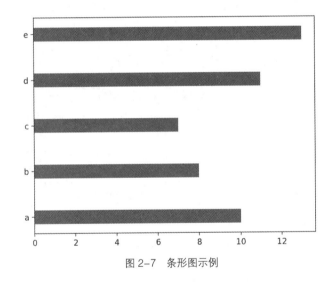

图 2-7　条形图示例

使用 pyplot 的 barh() 函数还可以绘制具有多组条形的条形图。例如，使用 barh() 函数绘制具有两组条形的条形图，代码如下。

```
In [8]:
y = np.arange(5)
x1 = np.array([10, 8, 7, 11, 13])
x2 = np.array([9, 6, 5, 10, 12])
# 条形的高度
bar_height = 0.3
# 根据多组数据绘制条形图
plt.barh(y, x1, tick_label=['a', 'b', 'c', 'd', 'e'], height=bar_height)
plt.barh(y+bar_height, x2, height=bar_height)
plt.show()
```

运行程序，效果如图 2-8 所示。

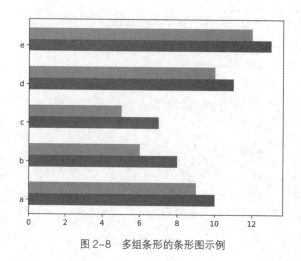

图 2-8　多组条形的条形图示例

使用 pyplot 的 barh() 函数绘制图表时，可以通过给 left 参数传值的方式控制条形的 x 值，使后绘制的条形位于先绘制的条形的右方。例如，使用 barh() 函数绘制由两组条形堆叠而成的堆积条形图，代码如下。

```
In [9]:
# 绘制堆积条形图
plt.barh(y, x1, tick_label=['a', 'b', 'c', 'd', 'e'], height=bar_height)
plt.barh(y, x2, left=x1, height=bar_height)
plt.show()
```

运行程序，效果如图 2-9 所示。

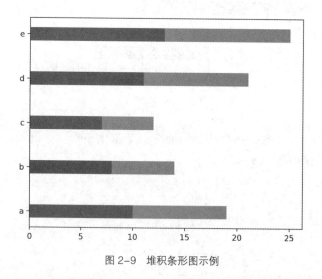

图 2-9　堆积条形图示例

另外，在使用 pyplot 的 barh() 函数绘制图表时，可以通过给 xerr、yerr 参数传值的方式为条形添加误差棒，示例代码如下。

```
In [10]:
# 偏差数据
error = [2, 1, 2.5, 2, 1.5]
```

```
# 绘制带有误差棒的条形图
plt.barh(y, x1, tick_label=['a', 'b', 'c', 'd', 'e'], height=bar_height)
plt.barh(y, x2, left=x1, height=bar_height, xerr=error)
plt.show()
```

运行程序，效果如图 2-10 所示。

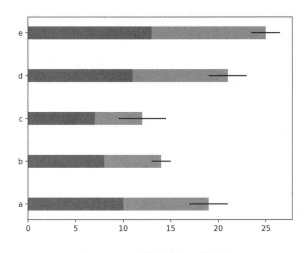

图 2-10　带有误差棒的条形图示例

2.3.2　实例 3：各商品种类的网购替代率

如今已进入信息时代，网络购物已经成为人们日常生活的一部分，改变着人们的消费模式和习惯，成为拉动居民消费的重要渠道。因此，研究网购消费对于研判经济形势、促进经济转型升级有着重要的意义。2018 年国家统计局北京调查总队从网购活跃的人群中抽取了771 个样本，并根据这些样本测算用户网购替代率（网购用户线上消费对线下消费的替代比率）的情况，具体如表 2-3 所示。

表 2-3　各商品种类的网购替代率

商品种类	替代率
家政、家教、保姆等生活服务	95.9%
飞机票、火车票	95.1%
家具	93.5%
手机、手机配件	92.4%
计算机及其配套产品	89.3%
汽车用品	89.2%
通信充值、游戏充值	86.5%
个人护理用品	86.3%
书报杂志及音像制品	86.0%

续表

商品种类	替代率
餐饮、旅游、住宿	85.6%
家用电器	85.4%
食品、饮料、烟酒、保健品	83.5%
家庭日杂用品	82.6%
保险、演出票务	81.6%
服装、鞋帽、家用纺织品	79.8%
数码产品	76.5%
其他商品和服务	76.3%
工艺品、收藏品	67.0%

根据表 2-3 的数据，将"商品种类"一列的数据作为 y 轴的刻度标签，将"替代率"一列的数据作为 x 轴的数据，使用 barh () 函数绘制各商品种类的网购替代率的条形图，具体代码如下。

```
In [11]:
# 03_substitution_rate_online
import matplotlib.pyplot as plt
import numpy as np
# 显示中文
plt.rcParams['font.sans-serif'] = ['SimHei']
plt.rcParams['axes.unicode_minus'] = False
x = np.array([0.959, 0.951, 0.935, 0.924, 0.893,
              0.892, 0.865, 0.863, 0.860, 0.856,
              0.854, 0.835, 0.826, 0.816, 0.798,
              0.765, 0.763, 0.67])
y = np.arange(1, 19)
labels = ["家政、家教、保姆等生活服务 ", "飞机票、火车票 ", "家具 ", "手机、手机配件 ",
          "计算机及其配套产品 ", "汽车用品 ", "通信充值、游戏充值 ", "个人护理用品 ",
          "书报杂志及音像制品 ", "餐饮、旅游、住宿 ", "家用电器 ",
          "食品、饮料、烟酒、保健品 ", "家庭日杂用品 ", "保险、演出票务 ",
          "服装、鞋帽、家用纺织品 ", "数码产品 ", "其他商品和服务 ", "工艺品、收藏品 "]
# 绘制条形图
plt.barh(y, x, tick_label=labels, align="center", height=0.6)
plt.show()
```

需要说明的是，matplotlib 默认不支持显示中文，由于条形图的刻度标签是中文文本，因此需要将系统的字体修改为 SimHei。关于字体的设置会在第 4 章进行详细介绍。

运行程序，效果如图 2-11 所示。

图 2-11 中，x 轴代表网购替代率，y 轴代表商品种类。由图 2-11 可知，工艺品、收藏品的网购替代率最低，家政、家教、保姆等生活服务的网购替代率最高。

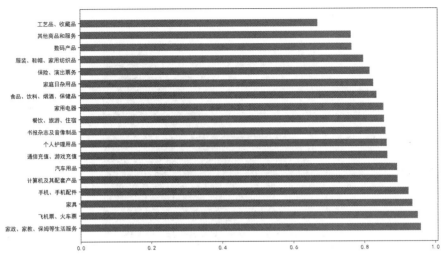

图 2-11　各商品种类的网购替代率的条形图

2.4　绘制堆积面积图

2.4.1　使用 stackplot() 绘制堆积面积图

使用 pyplot 的 stackplot() 函数可以快速绘制堆积面积图，stackplot() 函数的语法格式如下所示：

```
stackplot(x, y, labels=(), baseline='zero', data=None, *args, **kwargs)
```

该函数常用参数的含义如下。

·x：表示 x 轴的数据，可以是一维数组。

·y：表示 y 轴的数据，可以是二维数组或一维数组序列。

·labels：表示每组折线及填充区域的标签。

·baseline：表示计算基的方法，包括 'zero'、'sym'、'wiggle' 和 'weighted_wiggle'。其中，'zero' 表示恒定零基线，即简单的堆积图；'sym' 表示对称于零基线；'wiggle' 表示最小化平方斜率的总和；'weighted_wiggle' 表示执行相同的操作，但权重用于说明每层的大小。

例如，使用 stackplot() 函数绘制由 3 条折线及下方填充区域堆叠的堆积面积图，代码如下。

```
In [12]:
import numpy as np
import matplotlib.pyplot as plt
x = np.arange(6)
y1 = np.array([1,4,3,5,6,7])
y2 = np.array([1,3,4,2,7,6])
y3 = np.array([3,4,3,6,5,5])
# 绘制堆积面积图
plt.stackplot(x, y1, y2, y3)
plt.show()
```

运行程序，效果如图 2-12 所示。

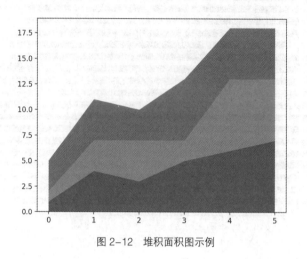

图 2-12　堆积面积图示例

需要说明的是，堆积面积图按照自下而上的顺序逐个堆叠填充区域，因此先绘制的图形位于底部，后绘制的图形位于上方。

2.4.2　实例 4：物流公司物流费用统计

近些年我国物流行业蓬勃发展，目前已经有几千家物流公司。部分物流公司大打价格战，以更低的价格吸引更多的客户，从而抢占市场份额。现在有 A、B、C 三家物流公司，它们分别对公司去年的总物流费用进行了统计，具体如表 2-4 所示。

表 2-4　A、B、C 物流公司物流费用统计　　　　　　　　　　单位：万元

月份	A 公司	B 公司	C 公司
1	198	203	185
2	215	236	205
3	245	200	226
4	222	236	199
5	200	269	238
6	236	216	200
7	201	298	250
8	253	333	209
9	236	301	246
10	200	349	219
11	266	360	253
12	290	368	288

根据表 2-4 的数据，将"月份"一列的数据作为 x 轴的刻度标签，将"A 公司""B 公司""C 公司"这三列的数据分别作为 y 轴的数据，使用 stackplot() 函数绘制 A、B、C 物流公司物流费用的堆积面积图，具体代码如下。

```
In [13]:
# 04_logistics_cost_statistics
import numpy as np
import matplotlib.pyplot as plt
x = np.arange(1, 13)
y_a = np.array([198, 215, 245, 222, 200, 236, 201, 253, 236, 200, 266, 290])
y_b = np.array([203, 236, 200, 236, 269, 216, 298, 333, 301, 349, 360, 368])
y_c = np.array([185, 205, 226, 199, 238, 200, 250, 209, 246, 219, 253, 288])
# 绘制堆积面积图
plt.stackplot(x, y_a, y_b, y_c)
plt.show()
```

运行程序，效果如图 2-13 所示。

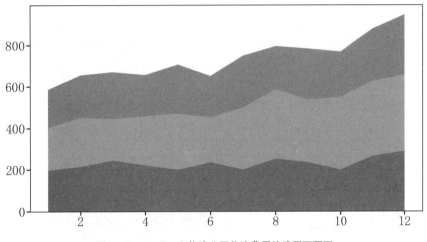

图 2-13　A、B、C 物流公司物流费用的堆积面积图

图 2-13 中，x 轴代表月份，y 轴代表物流费用，底部的蓝色区域代表 A 公司的物流费用，中间的橙色区域代表 B 公司的物流费用，顶部的绿色区域代表 C 公司的物流费用。

2.5　绘制直方图

2.5.1　使用 hist() 绘制直方图

使用 pyplot 的 hist() 函数可以快速绘制直方图，hist() 函数的语法格式如下所示：

```
hist(x, bins=None, range=None, density=None, weights=None,
     cumulative=False, bottom=None, histtype='bar', align='mid',
     orientation='vertical', rwidth=None, log=False, label=None,
     stacked=False, normed=None, *,data=None, **kwargs)
```

该函数常用参数的含义如下。

· x：表示 x 轴的数据，可以为单个数组或多个数组的序列。

· bins：表示矩形条的个数，默认为 10。

· range：表示数据的范围。若没有提供 range 参数的值，则数据范围为 (x.min(), x.max())。

· cumulative：表示是否计算累计频数或频率。

· histtype：表示直方图的类型，支持 'bar'、'barstacked'、'step'、'stepfilled' 四种取值，其中 'bar' 为默认值，代表传统的直方图；'barstacked' 代表堆积直方图；'step' 代表未填充的线条直方图；'stepfilled' 代表填充的线条直方图。

· align：表示矩形条边界的对齐方式，可设置为 'left'、'mid' 或 'right'，默认为 'mid'。

· orientation：表示矩形条的摆放方式，默认为 'vertical'，即垂直方向。

· rwidth：表示矩形条宽度的百分比，默认为 0。若 histtype 的值为 'step' 或 'stepfilled'，则直接忽略 rwidth 参数的值。

· stacked：表示是否将多个矩形条以堆积形式摆放。

例如，绘制一个具有 8 个矩形条填充的线条直方图，代码如下。

```
In [14]:
import numpy as np
import matplotlib.pyplot as plt
# 准备 50 个随机测试数据
scores = np.random.randint(0,100,50)
# 绘制直方图
plt.hist(scores, bins=8, histtype='stepfilled')
plt.show()
```

运行程序，效果如图 2-14 所示。

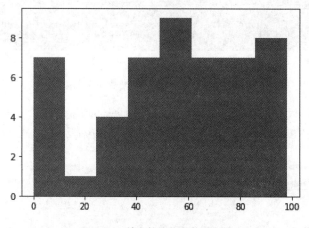

图 2-14　填充的线条直方图示例

2.5.2　实例 5：人脸识别的灰度直方图

随着计算机技术的不断发展，人工智能的应用已渗透到人们日常生活的方方面面，其中人脸识别技术是近两年较为热门的话题之一。人脸识别技术是一种生物特征识别技术，它通过从装有摄像头的终端设备拍摄的人脸图像中抽取人的个性化特征，以此来识别人的身份。灰度直方图便是实现人脸识别的方法之一，它将数字图像的所有像素，按照灰度值的大小，统计其出现的频率。

下面使用一组 10000 个随机数作为人脸识别的灰度值，使用 hist () 函数绘制一个灰度直方图，具体代码如下。

```
In [15]:
# 05_face_recognition
import matplotlib.pyplot as plt
import numpy as np
# 10000 个随机数
random_state = np.random.RandomState(19680801)
random_x = random_state.randn(10000)
# 绘制包含 25 个矩形条的直方图
plt.hist(random_x, bins=25)
plt.show()
```

运行程序，效果如图 2-15 所示。

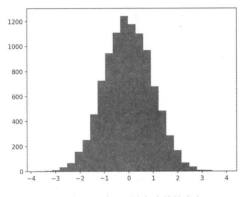

图 2-15 人脸识别的灰度值的直方图

图 2-15 中，x 轴代表灰度值，y 轴代表频率。由图 2-15 可知，位于 -0.5 ~ 0 之间的灰度值最多，位于 -4 ~ -3 或 3 ~ 4 之间的灰度值最少。

2.6 绘制饼图或圆环图

2.6.1 使用 pie() 绘制饼图或圆环图

使用 pyplot 的 pie() 函数可以快速地绘制饼图或圆环图，pie() 函数的语法格式如下所示：

```
pie(x, explode=None, labels=None, autopct=None,
    pctdistance=0.6, shadow=False, labeldistance=1.1, startangle=None,
    radius=None, counterclock=True, wedgeprops=None, textprops=None,
    center=(0, 0), frame=False, rotatelabels=False, *, data=None)
```

该函数常用参数的含义如下。

· x：表示扇形或楔形的数据。

· explode：表示扇形或楔形离开圆心的距离。

· labels：表示扇形或楔形对应的标签文本。

· autopct：表示控制扇形或楔形的数值显示的字符串，可通过格式字符串指定小数点后的位数。

· pctdistance：表示扇形或楔形对应的数值标签距离圆心的比例，默认为 0.6。

- shadow：表示是否显示阴影。
- labeldistance：表示标签文本的绘制位置（相对于半径的比例），默认为 1.1。
- startangle：表示起始绘制角度，默认从 x 轴的正方向逆时针绘制。
- radius：表示扇形或楔形的半径。
- wedgeprops：表示控制扇形或楔形属性的字典。例如，通过 wedgeprops = {'width': 0.7} 将楔形的宽度设为 0.7。
- textprops：表示控制图表中文本属性的字典。
- center：表示图表的中心点位置，默认为（0,0）。
- frame：表示是否显示图框。

例如，使用 pie() 函数绘制一个饼图，代码如下。

```
In [16]:
import numpy as np
import matplotlib.pyplot as plt
data = np.array([20, 50, 10, 15, 30, 55])
pie_labels = np.array(['A', 'B', 'C', 'D', 'E', 'F'])
# 绘制饼图：半径为 0.5，数值保留 1 位小数
plt.pie(data, radius=1.5, labels=pie_labels, autopct='%3.1f%%')
plt.show()
```

例如，使用 pie() 函数绘制一个圆环图，代码如下。

```
In [17]:
import numpy as np
import matplotlib.pyplot as plt
data = np.array([20, 50, 10, 15, 30, 55])
pie_labels = np.array(['A', 'B', 'C', 'D', 'E', 'F'])
# 绘制圆环图：外圆半径为 1.5，楔形宽度为 0.7
plt.pie(data, radius=1.5, wedgeprops={'width': 0.7}, labels=pie_labels,
        autopct='%3.1f%%', pctdistance=0.75)
plt.show()
```

两个示例运行的效果如图 2-16 所示。

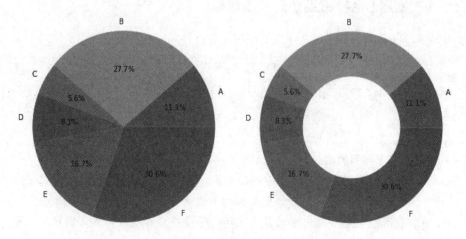

图 2-16　饼图与圆环图示例

2.6.2　实例 6：支付宝月账单报告

近年来随着移动支付 App 的出现，人们的生活发生了翻天覆地的变化，无论是到超市选购商品，还是跟朋友聚餐，或是来一场说走就走的旅行，都可以使用移动支付 App 轻松完成支付，非常便捷。支付宝是人们使用较多的移动支付方式，它拥有自动记录每月账单的功能，可以方便用户了解每月资金的流动情况。例如，用户 A 某月使用支付宝的消费明细如表 2-5 所示。

表 2-5　用户 A 某月使用支付宝的消费明细　　　　　　　　　　　　　　　　单位：元

分类	金额
购物	800
人情往来	100
餐饮美食	1000
通信物流	200
生活日用	300
交通出行	200
休闲娱乐	200
其他	200
总支出	3000

根据表 2-5 的数据，将"分类"一列的数据作为饼图的标签，将各分类对应的金额与总支出金额的比例作为饼图的数据，使用 pie() 函数绘制用户 A 某月支付宝消费情况的饼图，具体代码如下。

```
In [18]:
# 06_monthly_bills_of_alipay
import matplotlib.pyplot as plt
import matplotlib as mpl
mpl.rcParams['font.sans-serif'] = ['SimHei']
mpl.rcParams['axes.unicode_minus'] = False
# 饼图外侧的说明文字
kinds = ['购物', '人情往来', '餐饮美食', '通信物流', '生活日用',
         '交通出行', '休闲娱乐', '其他']
# 饼图的数据
money_scale = [800 / 3000, 100 / 3000, 1000 / 3000, 200 / 3000,
               300 / 3000, 200 / 3000, 200 / 3000, 200 / 3000]
dev_position = [0.1, 0.1, 0.1, 0.1, 0.1, 0.1, 0.1, 0.1]
# 绘制饼图
plt.pie(money_scale, labels=kinds, autopct='%3.1f%%', shadow=True,
        explode=dev_position, startangle=90)
plt.show()
```

运行程序，效果如图 2-17 所示。

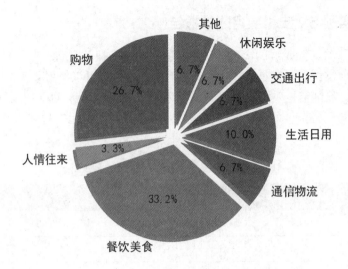

图 2-17   用户 A 某月支付宝账单报告的饼图

由图 2-17 可知，绿色扇形的面积最大，说明餐饮美食方面的支出在当月总支出中占比最大；橙色扇形的面积最小，说明人情往来的支出在当月总支出中占比最小。

2.7   绘制散点图或气泡图

2.7.1   使用 scatter() 绘制散点图或气泡图

使用 pyplot 的 scatter() 函数可以快速绘制散点图或气泡图，scatter() 函数的语法格式如下所示：

```
scatter(x, y, s=None, c=None, marker=None, cmap=None, norm=None,
        vmin=None, vmax=None, alpha=None, linewidths=None, verts=None,
        edgecolors=None, *, plotnonfinite=False, data=None, **kwargs)
```

该函数常用参数的含义如下。

· x, y：表示数据点的位置。

· s：表示数据点的大小。

· c：表示数据点的颜色。

· marker：表示数据点的样式，默认为圆形。

· cmap：表示数据点的颜色映射表，仅当参数 c 为浮点数组时才使用。

· norm：表示数据亮度，可以取值为 0 ~ 1。

· vmin，vmax：表示亮度的最小值和最大值。若传入了 norm 参数，则忽略 vmin 和 vmax 参数。

· alpha：表示透明度，可以取值为 0 ~ 1。

· linewidths：表示数据点边缘的宽度。

· edgecolors：表示数据点边缘的颜色。

使用 scatter() 函数绘制一个散点图，代码如下。

```
In [19]:
num = 50
x = np.random.rand(num)
y = np.random.rand(num)
plt.scatter(x, y)
```

使用 scatter() 函数绘制一个气泡图，代码如下。

```
In [20]:
num = 50
x = np.random.rand(num)
y = np.random.rand(num)
area = (30 * np.random.rand(num))**2
plt.scatter(x, y, s=area)
```

两个示例运行的效果如图 2-18 所示。

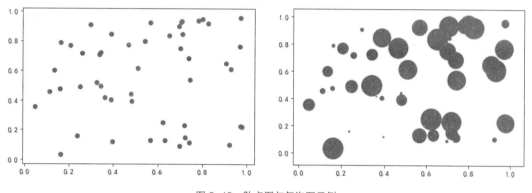

图 2-18　散点图与气泡图示例

2.7.2　实例 7：汽车速度与制动距离的关系

汽车的制动距离主要取决于车速。若车速增加 1 倍，则汽车的制动距离将增大至近 4 倍。某汽车生产公司对一批丰田汽车进行抽样测试，并分别记录了不同的车速对应的制动距离，具体如表 2-6 所示。

表 2-6　车速与制动距离的关系

车速（km/h）	制动距离（m）	车速（km/h）	制动距离（m）
10	0.5	110	59.5
20	2.0	120	70.8
30	4.4	130	83.1
40	7.9	140	96.4
50	12.3	150	110.7
60	17.7	160	126.0
70	24.1	170	142.2
80	31.5	180	159.4
90	39.9	190	177.6
100	49.2	200	196.8

根据表 2-6 的数据，将"车速（km/h）"一列的数据作为 x 轴的数据，将"制动距离（m）"一列的数据作为 y 轴的数据，使用 scatter() 函数绘制汽车速度与制动距离关系的散点图，具体代码如下。

```
In [21]:
# 07_vehicle_speed_and_braking_distance
import numpy as np
import matplotlib.pyplot as plt
plt.rcParams['font.sans-serif'] = 'SimHei'
plt.rcParams['axes.unicode_minus'] = False
# 准备 x 轴和 y 轴的数据
x_speed = np.arange(10, 210, 10)
y_distance = np.array([0.5, 2.0, 4.4, 7.9, 12.3,
                       17.7, 24.1, 31.5, 39.9, 49.2,
                       59.5, 70.8, 83.1, 96.4, 110.7,
                       126.0, 142.2, 159.4, 177.6, 196.8])
# 绘制散点图
plt.scatter(x_speed, y_distance, s=50, alpha=0.9)
plt.show()
```

运行程序，效果如图 2-19 所示。

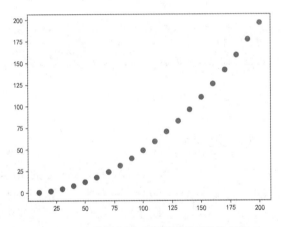

图 2-19　汽车速度与制动距离关系的散点图

图 2-19 中，x 轴代表车速，y 轴代表制动距离。由图 2-19 可知，恒定条件下，制动距离随着车速的增大而增加。

2.8　绘制箱形图

2.8.1　使用 boxplot() 绘制箱形图

使用 pyplot 的 boxplot() 函数可以快速绘制箱形图，boxplot() 函数的语法格式如下所示：

```
boxplot(x, notch=None, sym=None, vert=None, whis=None, positions=None,
        widths=None, patch_artist=None, bootstrap=None, usermedians=None,
```

```
        conf_intervals=None, meanline=None, showmeans=None, showcaps=None,
        showbox=None, showfliers=None, boxprops=None, labels=None,
        flierprops=None, medianprops=None, meanprops=None, capprops=None,
        whiskerprops=None, manage_ticks=True, autorange=False,
        zorder=None, *, data=None)
```

该函数常用参数的含义如下：

· x：绘制箱形图的数据。

· sym：表示异常值对应的符号，默认为空心圆圈。

· vert：表示是否将箱形图垂直摆放，默认为垂直摆放。

· whis：表示箱形图上下须与上下四分位的距离，默认为 1.5 倍的四分位差。

· positions：表示箱体的位置。

· widths：表示箱体的宽度，默认为 0.5。

· patch_artist：表示是否填充箱体的颜色，默认不填充。

· meanline：是否用横跨箱体的线条标出中位数，默认不使用。

· showcaps：表示是否显示箱体顶部和底部的横线，默认显示。

· showbox：表示是否显示箱形图的箱体，默认显示。

· showfliers：表示是否显示异常值，默认显示。

· labels：表示箱形图的标签。

· boxprops：表示控制箱体属性的字典。

使用 boxplot() 函数绘制一个箱形图，代码如下。

```
In [22]:
import numpy as np
import matplotlib.pyplot as plt
data = np.random.randn(100)
# 绘制箱形图：显示中位数的线条，箱体宽度为 0.3，填充箱体颜色，不显示异常值
plt.boxplot(data, meanline=True, widths=0.3, patch_artist=True,
            showfliers=False)
plt.show()
```

运行程序，效果如图 2-20 所示。

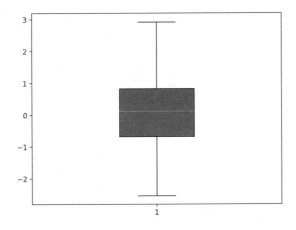

图 2-20　箱形图示例

2.8.2 实例 8：2017 年和 2018 年全国发电量统计

"中国报告大厅"网站对 2017 年和 2018 年的发电量分别进行了监测统计，结果如表 2-7 所示。

表 2-7　2017 年和 2018 年全国发电量统计

2018 年		2017 年	
月份	发电量 （亿千瓦·时）	月份	发电量 （亿千瓦·时）
1 月	5200	1 月	4605.2
2 月	5254.5	2 月	4710.3
3 月	5283.4	3 月	5168.9
4 月	5107.8	4 月	4767.2
5 月	5443.3	5 月	4947
6 月	5550.6	6 月	5203
7 月	6400.2	7 月	6047.4
8 月	6404.9	8 月	5945.5
9 月	5483.1	9 月	5219.6
10 月	5330.2	10 月	5038.1
11 月	5543	11 月	5196.3
12 月	6199.9	12 月	5698.6

根据表 2-7 的数据，将"发电量（亿千瓦·时）"两列的数据作为 x 轴的数据，将"2017 年"和"2018 年"作为 y 轴的刻度标签，使用 boxplot() 函数绘制 2017 年和 2018 年全国发电量的箱形图，具体代码如下。

```
In [23]:
# 08_generation_capacity
import numpy as np
import matplotlib.pyplot as plt
plt.rcParams['font.family'] = 'SimHei'
plt.rcParams['axes.unicode_minus'] = False
data_2018 = np.array([5200, 5254.5, 5283.4, 5107.8, 5443.3, 5550.6,
                      6400.2, 6404.9, 5483.1, 5330.2, 5543, 6199.9])
data_2017 = np.array([4605.2, 4710.3, 5168.9, 4767.2, 4947, 5203,
                      6047.4, 5945.5, 5219.6, 5038.1, 5196.3, 5698.6])
# 绘制箱形图
plt.boxplot([data_2018, data_2017], labels=('2018年', '2017年'),
            meanline=True, widths=0.5, vert=False, patch_artist=True)
plt.show()
```

运行程序，效果如图 2-21 所示。

图 2-21 中，x 轴代表发电量，y 轴代表年份，箱体代表集中的数据范围，箱体内部的竖线代表中位数，箱形左右边缘的竖线代表最小值与最大值，右边缘竖线右侧的空心圆圈代表异常值。由图 2-21 可知，2017 年每月的发电量大多分布于 4800 亿 ~ 5300 亿千瓦·时范围内，2018 年每月的发电量大多分布于 5250 亿 ~ 5700 亿千瓦·时范围内。

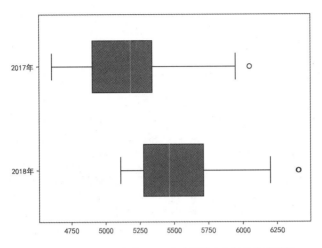

图 2-21　2017 年和 2018 年全国发电量统计的箱形图

2.9　绘制雷达图

2.9.1　使用 polar() 绘制雷达图

使用 pyplot 的 polar() 函数可以快速绘制雷达图，polar() 函数的语法格式如下所示：

```
polar(theta, r, **kwargs)
```

该函数常用参数的含义如下。

· theta：表示每个数据点所在射线与极径的夹角。

· r：表示每个数据点到原点的距离。

2.9.2　实例 9：霍兰德职业兴趣测试

霍兰德职业兴趣测试是美国职业指导专家霍兰德根据他本人大量的职业咨询经验及其职业类型理论编制的测评工具。根据个人兴趣的不同，霍兰德将人格分为研究型（I）、艺术型（A）、社会型（S）、企业型（E）、传统型（C）和现实型（R）6 个维度，每个人的性格都是这 6 个维度不同程度的组合。假设现在 6 名用户分别进行了测试，得出的测试结果如表 2-8 所示。

表 2-8　6 名用户霍兰德职业兴趣测试的结果

	用户 1	用户 2	用户 3	用户 4	用户 5	用户 6
研究型	0.40	0.32	0.35	0.30	0.30	0.88
艺术型	0.85	0.35	0.30	0.40	0.40	0.30
社会型	0.43	0.89	0.30	0.28	0.22	0.30
企业型	0.30	0.25	0.48	0.85	0.45	0.40
传统型	0.20	0.38	0.87	0.45	0.32	0.28
现实型	0.34	0.31	0.38	0.40	0.92	0.28

根据表 2-8 的数据，将标题一行的数据作为雷达图的标签，将其余行的数据作为雷达图的数据，使用 polar() 函数绘制霍兰德职业兴趣测试结果的雷达图，具体代码如下。

```
In [24]:
# 09_holland_professional_interest_test
import numpy as np
import matplotlib.pyplot as plt
plt.rcParams['font.family'] = 'SimHei'
plt.rcParams['axes.unicode_minus'] = False
dim_num = 6
data = np.array([[0.40, 0.32, 0.35, 0.30, 0.30, 0.88],
                 [0.85, 0.35, 0.30, 0.40, 0.40, 0.30],
                 [0.43, 0.89, 0.30, 0.28, 0.22, 0.30],
                 [0.30, 0.25, 0.48, 0.85, 0.45, 0.40],
                 [0.20, 0.38, 0.87, 0.45, 0.32, 0.28],
                 [0.34, 0.31, 0.38, 0.40, 0.92, 0.28]])
angles = np.linspace(0, 2 * np.pi, dim_num, endpoint=False)
angles = np.concatenate((angles, [angles[0]]))
data = np.concatenate((data, [data[0]]))
# 维度标签
rradar_labels = [' 研究型 (I)', ' 艺术型 (A)', ' 社会型 (S)',
                 ' 企业型 (E)', ' 传统型 (C)', ' 现实型 (R)']
radar_labels = np.concatenate((radar_labels, [radar_labels[0]]))
# 绘制雷达图
plt.polar(angles, data)
# 设置极坐标的标签
plt.thetagrids(angles * 180/np.pi, labels=radar_labels)
# 填充多边形
plt.fill(angles, data, alpha=0.25)
plt.show()
```

运行程序，效果如图 2-22 所示。

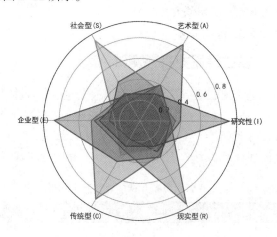

图 2-22   霍兰德职业测试的雷达图

图 2-22 中，紫色的多边形代表用户 1 的测试结果；棕色的多边形代表用户 2 的测试结果；蓝色的多边形代表用户 3 的测试结果；红色的多边形代表用户 4 的测试结果；橙色的多边形代表用户 5 的测试结果；绿色的多边形代表用户 6 的测试结果。由图 2-22 可知，用户 1 偏向于现实型人格；用户 2 偏向于研究型人格；用户 3 偏向于艺术型人格；用户 4 偏向于企业型人格；用户 5 偏向于社会型人格；用户 6 偏向于传统型人格。

2.10　绘制误差棒图

2.10.1　使用 errorbar() 绘制误差棒图

使用 pyplot 的 errorbar() 函数可以快速绘制误差棒图，errorbar() 函数的语法格式如下所示：

```
errorbar(x, y, yerr=None, xerr=None, fmt='', ecolor=None,
         elinewidth=None, capsize=None, barsabove=False, lolims=False,
         uplims=False, xlolims=False, xuplims=False, errorevery=1,
         capthick=None, *, data=None, **kwargs)
```

该函数常用参数的含义如下。

· x，y：表示数据点的位置。

· xerr，yerr：表示数据的误差范围。

· fmt：表示数据点的标记样式和数据点之间连接线的样式。

· ecolor：表示误差棒的线条颜色。

· elinewidth：表示误差棒的线条宽度。

· capsize：表示误差棒边界横杆的大小。

· capthick：表示误差棒边界横杆的厚度。

使用 errorbar() 函数绘制一个误差棒图，代码如下。

```
In [25]:
import numpy as np
import matplotlib.pyplot as plt
x = np.arange(5)
y = (25, 32, 34, 20, 25)
y_offset = (3, 5, 2, 3, 3)
plt.errorbar(x, y, yerr=y_offset, capsize=3, capthick=2)
plt.show()
```

运行程序，效果如图 2-23 所示。

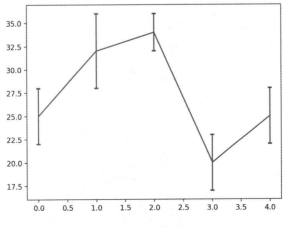

图 2-23　误差棒图示例

2.10.2　实例 10：4 个树种不同季节的细根生物量

细根生物量反映了根系从土壤中吸收水分和养分的能力，是植物地下部分碳汇集能力的重要体现。不同树种细根生物量存在差异性，各树种细根生物量在不同季节间差异较为明显。假设某大学分别于春季、夏季、秋季对马尾松、樟树、杉木、桂花 4 个树种进行观察，并记录了不同树种的细根生物量，具体如表 2-9 所示。

表 2-9　4 个树种不同季节的细根生物量　　　　　　　　　　　　　　　　单位：g

季节	马尾松	樟树	杉木	桂花
春季	2.04±0.16	1.69±0.27	4.65±0.34	3.39±0.23
夏季	1.57±0.08	1.61±0.14	4.99±0.32	2.33±0.23
秋季	1.63±0.10	1.64±0.14	4.94±0.29	4.10±0.39

根据表 2-9 的数据，将"季节"一列的数据作为 x 轴的刻度标签，将其他列的数据作为 y 轴的数据，绘制马尾松、樟树、杉木、桂花的细根生物量的误差棒图，具体代码如下。

```
In [26]:
# 10_fine_root_biomass
import numpy as np
import matplotlib.pyplot as plt
plt.rcParams['font.family'] = 'SimHei'
plt.rcParams['axes.unicode_minus'] = False
# 准备 x 轴和 y 轴的数据
x = np.arange(3)
y1 = np.array([2.04, 1.57, 1.63])
y2 = np.array([1.69, 1.61, 1.64])
y3 = np.array([4.65, 4.99, 4.94])
y4 = np.array([3.39, 2.33, 4.10])
# 指定测量偏差
error1 = [0.16, 0.08, 0.10]
error2 = [0.27, 0.14, 0.14]
error3 = [0.34, 0.32, 0.29]
error4 = [0.23, 0.23, 0.39]
bar_width = 0.2
# 绘制柱形图
plt.bar(x, y1, bar_width)
plt.bar(x + bar_width, y2, bar_width, align="center",
        tick_label=["春季", "夏季", "秋季"])
plt.bar(x + 2*bar_width, y3, bar_width)
plt.bar(x + 3*bar_width, y4, bar_width)
# 绘制误差棒：横杆大小为 3，线条宽度为 3，线条颜色为黑色，数据点标记为像素点
plt.errorbar(x, y1, yerr=error1, capsize=3, elinewidth=2, fmt='k,')
plt.errorbar(x + bar_width, y2, yerr=error2, capsize=3,
            elinewidth=2, fmt='k,')
plt.errorbar(x + 2*bar_width, y3, yerr=error3, capsize=3,
            elinewidth=2, fmt='k,')
plt.errorbar(x + 3*bar_width, y4, yerr=error4, capsize=3,
            elinewidth=2, fmt='k,')
plt.show()
```

运行程序，效果如图 2-24 所示。

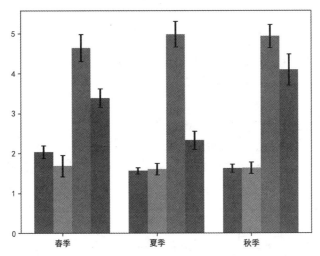

图 2-24　4 个树种不同季节的细根生物量的误差棒图

图 2-24 中，x 轴代表季节，y 轴代表细根生物量，蓝色、橙色、绿色、红色的柱形依次代表马尾松、樟树、杉木、桂花，柱形上方的黑色短线代表误差棒。由图 2-24 可知，杉木的细根生物量最多，说明杉木吸收水分和养分的能力最强；樟树的细根生物量最少，说明樟树吸收水分和养分的能力最弱。

▌ 注意：

本章所介绍的简单图表（雷达图除外）除了可以使用 pyplot 模块的绘图函数绘制，还可以通过 Axes 类中与绘图函数同名的方法进行绘制。例如，pyplot 模块的 bar() 函数与 Axes 类的 bar() 方法都可以绘制柱形图，它们的参数几乎相同（self 除外）。由于本章设计的实例相对比较简单，因此所有的实例都采用 pyplot 模块的绘制函数实现。

2.11　本章小结

本章主要介绍了如何使用 matplotlib 的绘图函数绘制简单的图表，包括折线图、柱形图或堆积柱形图、条形图或堆积条形图、堆积面积图、直方图、饼图或圆环图、散点图或气泡图、箱形图、雷达图、误差棒图。希望大家通过学习本章的内容，能够掌握绘图函数的用法，并可以使用这些函数绘制简单的图表，从而为后续的学习打好扎实的基础。

2.12　习题

一、填空题

1. plot() 函数会返回一个包含多个_____类对象的列表。

2. 常见的_____包括堆积面积图、堆积柱形图和堆积条形图。

3. pyplot 绘制的直方图默认有_____个矩形条。

二、判断题

1. pyplot 只能使用 errorbar() 函数绘制误差棒图。（　　　）

2. pyplot 可以使用 barh() 函数绘制堆积条形图。（　　　）

3. pyplot 绘制的箱形图默认不显示异常值。（　　　）

三、选择题

1. 下列函数中，可以快速绘制雷达图的是（　　　）。

  A．bar()   B．barh()   C．hist()   D．polar()

2. 当 pyplot 调用 barh() 函数绘图时，可以通过哪个参数设置图表的刻度标签？（　　　）

  A．width   B．height   C．tick_label   D．align

3. 请阅读下面一段代码：

```
plt.bar(x, y1, tick_label=["A", "B", "C", "D"])
plt.bar(x, y2, bottom=y1, tick_label=["A", "B", "C", "D"])
```

  以上代码中 bar() 函数的 bottom 参数的作用是（　　　）。

  A．将后绘制的柱形置于先绘制的柱形下方

  B．将后绘制的柱形置于先绘制的柱形上方

  C．将后绘制的柱形置于先绘制的柱形左方

  D．将后绘制的柱形置于先绘制的柱形右方

4. 下列选项中，程序运行的效果为圆环图的是（　　　）。

  A．

```
import numpy as np
import matplotlib.pyplot as plt
data = np.array([20, 50, 10, 15, 30, 55])
pie_labels = np.array(['A', 'B', 'C', 'D', 'E', 'F'])
plt.pie(data, labels=pie_labels)
plt.show()
```

  B．

```
import numpy as np
import matplotlib.pyplot as plt
data = np.array([20, 50, 10, 15, 30, 55])
pie_labels = np.array(['A', 'B', 'C', 'D', 'E', 'F'])
plt.pie(data, radius=1.5, labels=pie_labels)
plt.show()
```

  C．

```
import numpy as np
import matplotlib.pyplot as plt
data = np.array([20, 50, 10, 15, 30, 55])
pie_labels = np.array(['A', 'B', 'C', 'D', 'E', 'F'])
plt.pie(data, radius=1.5, explode=[0, 0.2, 0, 0, 0, 0],labels=pie_labels)
plt.show()
```

D.

```
import numpy as np
import matplotlib.pyplot as plt
data = np.array([20, 50, 10, 15, 30, 55])
pie_labels = np.array(['A', 'B', 'C', 'D', 'E', 'F'])
plt.pie(data, radius=1.5, wedgeprops={'width': 0.6},labels=pie_labels)
plt.show()
```

5. 关于使用 boxplot() 函数绘制的箱形图，下列描述正确的是（　　　）。

  A. 箱形图中异常值对应的符号默认为星号

  B. 箱形图只能垂直摆放，无法水平摆放

  C. 箱形图默认显示箱体

  D. 箱形图默认不会显示异常值

四、编程题

1. 已知实验中学举行了高二期中模拟考试，考试后分别计算了全体男生、女生各科的平均成绩，结果如表 2-10 所示。

表 2-10　高二男生、女生各科的平均成绩

学科	平均成绩（男）	平均成绩（女）
语文	85.5	94
数学	91	82
英语	72	89.5
物理	59	62
化学	66	49
生物	55	53

按照以下要求绘制图表：

（1）绘制柱形图。柱形图的 x 轴为学科，y 轴为平均成绩。

（2）绘制堆积柱形图。堆积柱形图的 x 轴为学科，y 轴为平均成绩。

2. 拼多多作为互联网电商的一匹黑马，短短几年内用户规模已经超过 3 亿。2019 年 9 月拼多多平台对所有子类目的销售额进行了统计，结果如表 2-11 所示。

表 2-11　拼多多平台子类目的销售额　　　　　　　　　　　单位：亿元

子类目	销售额
童装	29665
奶粉辅食	3135.4
孕妈专区	4292.4
洗护喂养	5240.9
宝宝尿裤	5543.4
春夏新品	5633.8
童车童床	6414.5
玩具文娱	9308.1
童鞋	10353

根据表 2-11 的数据绘制一个反映拼多多平台子类目销售额占比情况的饼图。

Python 数据可视化

第3章

图表辅助元素的定制

学习目标

★认识图表常用的辅助元素

★掌握坐标轴的定制方法，包括设置坐标轴的标签、刻度范围和刻度标签

★掌握标题与图例的定制方法，能够为图表添加标题和图例

★掌握网格的定制方法，包括显示网格及设置网格的样式

★掌握参考线和参考区域的定制方法，能够为图表添加参考线和参考区域

★掌握注释文本的定制方法，包括为图表添加指向型和无指向型的注释文本

★掌握表格的定制方法，能够为图表添加表格

第 2 章使用 matplotlib 绘制了一些简单的图表，并通过这些图表直观地展示了数据，但这些图表还有一些不足。例如，折线图中的多条折线因缺少标注而无法区分折线的类别，柱形图中的矩形条因缺少数值标注而无法知道准确的数据等。因此，需要添加一些辅助元素来准确地描述图表。matplotlib 提供了一系列定制图表辅助元素的函数或方法，可以帮助用户快速且正确地理解图表。本章将对图表辅助元素的定制进行详细介绍。

3.1　认识图表常用的辅助元素

图表的辅助元素是指除根据数据绘制的图形之外的元素，常用的辅助元素包括坐标轴、标题、图例、网格、参考线、参考区域、注释文本和表格，它们都可以对图形进行补充说明。为了便于理解，下面以折线图为例介绍图表常用的辅助元素，如图 3-1 所示。

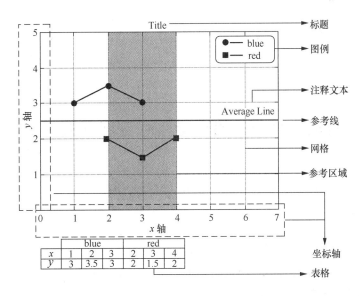

图 3-1　图表常用的辅助元素

图 3-1 中的图表常用辅助元素的说明如下。

· 坐标轴：分为单坐标轴和双坐标轴，单坐标轴按不同的方向又可分为水平坐标轴（又称 x 轴）和垂直坐标轴（又称 y 轴）。

· 标题：表示图表的说明性文本。

· 图例：用于指出图表中各组图形采用的标识方式。

· 网格：从坐标轴刻度开始的、贯穿绘图区域的若干条线，用于作为估算图形所示值的标准。

· 参考线：标记坐标轴上特殊值的一条直线。

· 参考区域：标记坐标轴上特殊范围的一块区域。

· 注释文本：表示对图形的一些注释和说明。

· 表格：用于强调比较难理解数据的表格。

坐标轴是由刻度标签、刻度线（主刻度线和次刻度线）、轴脊和坐标轴标签组成的。以图 3-1 的 x 轴为例，下面通过一张图来描述坐标轴的完整结构，如图 3-2 所示。

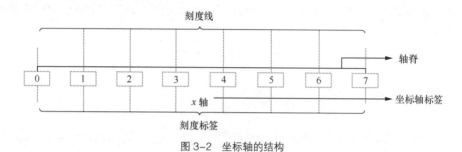

图 3-2　坐标轴的结构

图 3-2 中，"x 轴"为坐标轴的标签，"0"～"7"均为刻度标签，"0"～"7"对应的短竖线为刻度线，且为主刻度线，刻度线上方的横线为轴脊。需要说明的是，matplotlib 的次刻度线默认是隐藏的。

需要注意的是，不同的图表具有不同的辅助元素。例如，饼图是没有坐标轴的，而折线图是有坐标轴的，可根据实际需求进行定制。

3.2　设置坐标轴的标签、刻度范围和刻度标签

坐标轴对数据可视化效果有着直接的影响。坐标轴的刻度范围过大或过小、刻度标签过多或过少，都会导致图形显示的比例不够理想。本节将对坐标轴的标签、刻度范围和刻度标签的设置进行讲解。

3.2.1　设置坐标轴的标签

matplotlib 提供了设置 x 轴和 y 轴标签的方式，下面分别进行介绍。

1. 设置 x 轴的标签

matplotlib 中可以直接使用 pyplot 模块的 xlabel() 函数设置 x 轴的标签，xlabel() 函数的语法格式如下所示：

```
xlabel(xlabel, fontdict=None, labelpad=None, **kwargs)
```

该函数各参数含义如下。

· xlabel：表示 x 轴标签的文本。

· fontdict：表示控制标签文本样式的字典。

· labelpad：表示标签与坐标轴边框（包括刻度和刻度标签）的距离。

此外，Axes 对象使用 set_xlabel() 方法也可以设置 x 轴的标签。

2. 设置 y 轴的标签

matplotlib 中可以直接使用 pyplot 模块的 ylabel() 函数设置 y 轴的标签，ylabel() 函数的语法格式如下所示：

```
ylabel(ylabel, fontdict=None, labelpad=None, **kwargs)
```

该函数的 ylabel 参数表示 y 轴标签的文本，其余参数与 xlabel() 函数的参数的含义相同，此处不再赘述。此外，Axes 对象使用 set_ylabel() 方法也可以设置 y 轴的标签。

假设现在有一个包含正弦曲线和余弦曲线的图表，该图表中设置 x 轴和 y 轴的标签，具体代码如下。

```
In [1]:
import numpy as np
import matplotlib.pyplot as plt
plt.rcParams['font.sans-serif'] = ['SimHei']
plt.rcParams['axes.unicode_minus'] = False
x = np.linspace(-np.pi, np.pi, 256, endpoint=True)
y1, y2 = np.sin(x), np.cos(x)
plt.plot(x, y1, x, y2)
# 设置 x 轴和 y 轴的标签
plt.xlabel("x轴")
plt.ylabel("y轴")
plt.show()
```

运行程序，效果如图 3-3 所示。

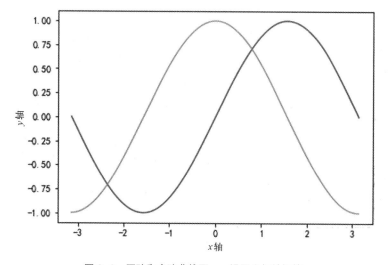

图 3-3　正弦和余弦曲线图——设置坐标轴标签

3.2.2 设置刻度范围和刻度标签

当绘制图表时，坐标轴的刻度范围和刻度标签都与数据的分布有着直接的联系，即坐标轴的刻度范围取决于数据的最大值和最小值。在使用 matplotlib 绘图时若没有指定任何数据，x 轴和 y 轴的范围均为 0.0 ~ 1.0，刻度标签均为 [0.0, 0.2, 0.4, 0.6, 0.8, 1.0]；若指定了 x 轴和 y 轴的数据，刻度范围和刻度标签会随着数据的变化而变化。matplotlib 提供了重新设置坐标轴的刻度范围和刻度标签的方式，下面分别进行介绍。

1. 设置刻度范围

使用 pyplot 模块的 xlim() 和 ylim() 函数分别可以设置或获取 x 轴和 y 轴的刻度范围。xlim() 函数的语法格式如下所示：

```
xlim(left=None, right=None, emit=True, auto=False, *, xmin=None,
xmax=None)
```

该函数常用参数的含义如下。

· left：表示 x 轴刻度取值区间的左位数。

· right：表示 x 轴刻度取值区间的右位数。

· emit：表示是否通知限制变化的观察者，默认为 True。

· auto：表示是否允许自动缩放 x 轴，默认为 True。

· xmin：表示 x 轴刻度的最小值。

· xmax：表示 x 轴刻度的最大值。

此外，Axes 对象可以使用 set_xlim() 和 set_ylim() 方法分别设置 x 轴和 y 轴的刻度范围。

2. 设置刻度标签

使用 pyplot 模块的 xticks() 和 yticks() 函数分别可以设置或获取 x 轴和 y 轴的刻度线位置和刻度标签。xticks() 函数的语法格式如下所示：

```
xticks(ticks=None, labels=None, **kwargs)
```

该函数的 ticks 参数表示刻度显示的位置列表，它还可以设为空列表，以此禁用 x 轴的刻度；labels 表示指定位置刻度的标签列表。

此外，Axes 对象可以使用 set_xticks() 或 set_yticks() 方法分别设置 x 轴或 y 轴的刻度线位置，使用 set_xticklabels() 或 set_yticklabels() 方法分别设置 x 轴或 y 轴的刻度标签。

在 3.2.1 节绘制的正弦和余弦曲线图中设置坐标轴的刻度范围和刻度标签，增加的代码如下。

```
# 设置x轴的刻度范围和刻度标签
plt.xlim(x.min() * 1.5, x.max() * 1.5)
plt.xticks([-np.pi, -np.pi/2, 0, np.pi/2, np.pi], [r'$-\pi$', r'$-\pi/2$',
         r'$0$', r'$\pi/2$', r'$\pi$'])
```

运行程序，效果如图 3-4 所示。

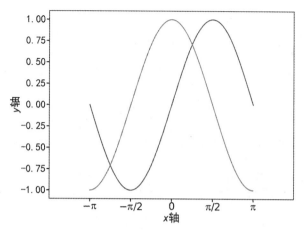

图 3-4　正弦和余弦曲线图——设置刻度范围和刻度标签

3.2.3　实例 1：2019 年中国电影票房排行榜

假如你有一段闲暇时间，到影院观影会是个不错的选项。如今，看电影已经成为人们休闲娱乐的方式之一，它不仅是一种视觉享受，而且是一场精神盛宴，使人们放松身心。2019年中国上映了众多口碑不错的电影，对每部电影的总票房进行统计后，得出 2019 年中国电影票房排行榜 Top15，如表 3-1 所示。

表 3-1　2019 年中国电影票房排行榜 Top15

电影名称	总票房（亿元）
哪吒之魔童降世	48.57
流浪地球	46.18
复仇者联盟 4：终局之战	42.05
疯狂的外星人	21.83
飞驰人生	17.03
烈火英雄	16.70
蜘蛛侠：英雄远征	14.01
速度与激情：特别行动	13.84
扫毒 2：天地对决	12.85
大黄蜂	11.38
惊奇队长	10.25
比悲伤更悲伤的故事	9.46
哥斯拉 2：怪兽之王	9.27
阿丽塔：战斗天使	8.88
银河补习班	8.64

根据表 3-1 的数据，将"电影名称"一列的数据作为 y 轴的刻度标签，将"总票房（亿元）"

一列的数据作为刻度标签对应的数值，使用 barh() 绘制 2019 年中国电影票房排行榜 Top15 的条形图，并为条形图的坐标轴添加标签和刻度标签，具体代码如下。

```
In [2]:
# 01_film_rankings
import matplotlib.pyplot as plt
plt.rcParams['font.sans-serif'] = ['SimHei']
plt.rcParams["axes.unicode_minus"] = False
labels = ["哪吒之魔童降世", "流浪地球", "复仇者联盟 4：终局之战",
          "疯狂的外星人", "飞驰人生", "烈火英雄", "蜘蛛侠：英雄远征",
          "速度与激情：特别行动", "扫毒 2：天地对决", "大黄蜂","惊奇队长",
          "比悲伤更悲伤的故事", "哥斯拉 2：怪兽之王", "阿丽塔：战斗天使",
          "银河补习班"]
bar_width = [48.57, 46.18, 42.05, 21.83, 17.03, 16.70, 14.01, 13.84,
             12.85, 11.38, 10.25, 9.46, 9.27, 8.88, 8.64]
y_data = range(len(labels))
fig = plt.figure()
ax = fig.add_subplot(111)
ax.barh(y_data, bar_width, height=0.2, color='orange')
# 设置 x 轴和 y 轴的标签
ax.set_xlabel(" 总票房（亿元）")
ax.set_ylabel(" 电影名称 ")
# 设置 y 轴的刻度线位置、 刻度标签
ax.set_yticks(y_data)
ax.set_yticklabels(labels)
plt.show()
```

运行程序，效果如图 3-5 所示。

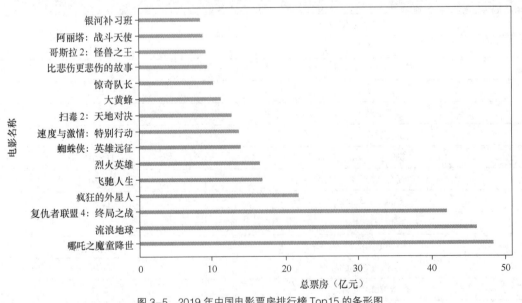

图 3-5　2019 年中国电影票房排行榜 Top15 的条形图

图 3-5 中，x 轴的标签位于底部，y 轴的标签位于左侧。由图 3-5 可知，电影《哪吒之魔童降世》的总票房最高，《流浪地球》的总票房排第二，《复仇者联盟 4：终局之战》的总票房排第三。

3.3　添加标题和图例

3.3.1　添加标题

图表的标题代表图表名称，一般位于图表的顶部且与图表居中对齐，可以迅速地让读者理解图表要说明的内容。matplotlib 中可以直接使用 pyplot 模块的 title() 函数添加图表标题，title() 函数的语法格式如下所示：

```
title(label, fontdict=None, loc='center', pad=None, **kwargs)
```

该函数常用参数的含义如下。

· label：表示标题的文本。

· fontdict：表示控制标题文本样式的字典。

· loc：表示标题的对齐样式，包括 'left'、'right' 和 'center' 三种取值，默认取值为 'center'，即居中显示标题。

· pad：表示标题与图表顶部的距离，默认为 None。

此外，Axes 对象还可以使用 set_title() 方法添加图表的标题。

在 3.2.2 节绘制的正弦和余弦曲线图中添加标题"正弦曲线和余弦曲线"，增加的代码如下。

```
# 添加标题
plt.title(" 正弦曲线和余弦曲线 ")
```

运行程序，效果如图 3-6 所示。

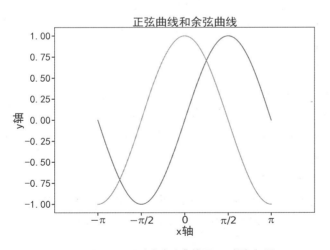

图 3-6　正弦和余弦曲线图——添加标题

3.3.2　添加图例

图例是一个列举各组图形数据标识方式的方框图，它由图例标识和图例项两个部分构成，其中图例标识是代表各组图形的图案；图例项是与图例标识对应的名称（说明文本）。当 matplotlib 绘制包含多组图形的图表时，可以在图表中添加图例，帮助用户明确每组图形代表的含义。

matplotlib 中可以直接使用 pyplot 模块的 legend() 函数添加图例，legend() 函数的语法格式如下所示：

```
legend(handles, labels, loc, bbox_to_anchor, ncol, title, shadow,
        fancybox, *args, **kwargs)
```

该函数常用参数的介绍如下。

（1）handles 和 labels 参数

handles 参数表示由图形标识构成的列表，labels 参数表示由图例项构成的列表。需要注意的是，handles 和 labels 参数应接收相同长度的列表，若接收的列表长度不同，则会对较长的列表进行截断处理，使较长列表与较短列表长度相等。

（2）loc 参数

loc 参数用于控制图例在图表中的位置，该参数支持字符串和数值两种形式的取值，每种取值及其对应的图例位置的说明如表 3-2 所示。

表 3-2　loc 参数的取值及其对应的图例位置

位置编码	位置字符串	说明
0	'best'	自适应
1	'upper right'	右上方
2	'upper left'	左上方
3	'lower left'	左下方
4	'lower right'	右下方
5	'right'	右方
6	'center left'	中心偏左
7	'center right'	中心偏右
8	'lower center'	中心偏下
9	'upper center'	中心偏上
10	'center'	居中

（3）bbox_to_anchor 参数

bbox_to_anchor 参数用于控制图例的布局，该参数接收一个包含两个数值的元组，其中第一个数值用于控制图例显示的水平位置，值越大则说明图例显示的位置越偏右；第二个数值用于控制图例的垂直位置，值越大则说明图例显示的位置越偏上。

（4）ncol 参数

ncol 参数表示图例的列数，默认值为 1。

（5）title 参数

title 参数表示图例的标题，默认值为 None。

（6）shadow 参数

shadow 参数控制是否在图例后面显示阴影，默认值为 None。

（7）fancybox 参数

fancybox 参数控制是否为图例设置圆角边框，默认值为 None。

若使用 pyplot 绘图函数绘图时已经预先通过 label 参数指定了显示于图例的标签，则后续可以直接调用 legend() 函数添加图例；若未预先指定应用于图例的标签，则后续在调用 legend() 函数时为参数 handles 和 labels 传值即可，示例代码如下。

```
ax.plot([1, 2, 3], label='Inline label')
ax.legend()
# 或
ax.legend((line1, line2, line3), ('label1', 'label2', 'label3'))
```

在 3.3.1 节绘制的正弦和余弦曲线图中添加图例，增加的代码如下。

```
lines = plt.plot(x, y1, x, y2)
# 添加图例
plt.legend(lines, ['正弦', '余弦'], shadow=True, fancybox=True)
```

运行程序，效果如图 3-7 所示。

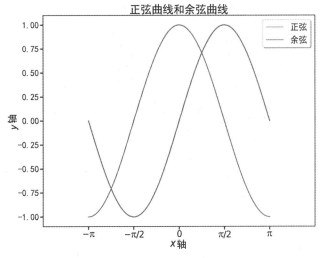

图 3-7　正弦和余弦曲线图——添加图例

3.3.3　实例 2：支付宝月账单报告（添加标题、图例）

图例常见于饼图中，主要用于标注饼图中每个扇形代表的含义。2.6.2 节的用户 A 某月支付宝账单报告的饼图将每个扇形的含义标注到圆外，由于标注的文字长短不一且扇形数量偏多，导致图表显得比较杂乱，因此将饼图中全部的标注文字移到图例中，具体代码如下。

```
In [3]:
# 02_monthly_bills_of_alipay
import matplotlib.pyplot as plt
plt.rcParams['font.sans-serif'] = ['SimHei']
plt.rcParams['axes.unicode_minus'] = False
kinds = ['购物', '人情往来', '餐饮美食', '通信物流', '生活日用',
         '交通出行', '休闲娱乐', '其他']
money_scale = [800 / 3000, 100 / 3000, 1000 / 3000, 200 / 3000,
               300 / 3000, 200 / 3000, 200 / 3000, 200 / 3000]
dev_position = [0.1, 0.1, 0.1, 0.1, 0.1, 0.1, 0.1, 0.1]
```

```
plt.pie(money_scale, autopct='%3.1f%%', shadow=True,
        explode=dev_position, startangle=90)
# 添加标题
plt.title(' 支付宝月账单报告 ')
# 添加图例
plt.legend(kinds, loc='upper right', bbox_to_anchor=[1.3, 1.1])
plt.show()
```

运行程序，效果如图 3-8 所示。

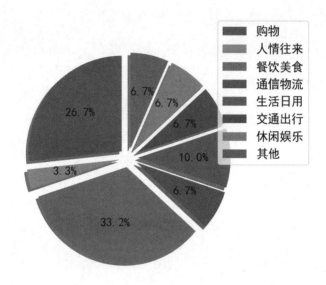

图 3-8　支付宝月账单报告——添加标题、图例

图 3-8 中，标题位于图表顶部且与图表居中对齐，图例位于图表的右上方。与图 2-17 相比，图 3-8 增加了标题和图例，有助于用户明确饼图及其每个颜色的扇形的含义。

3.4　显示网格

3.4.1　显示指定样式的网格

网格是从刻度线开始延伸，贯穿至整个绘图区域的辅助线条，它能帮助人们轻松地查看图形的数值。网格按不同的方向可以分为垂直网格和水平网格，这两种网格既可以单独使用，也可以同时使用，常见于添加图表精度、分辨图形细微差别的场景。

matplotlib 中可以直接使用 pyplot 模块的 grid () 函数显示网格，grid () 函数的语法格式如下所示：

```
grid(b=None, which='major', axis='both', **kwargs)
```

该函数常用参数的含义如下。

· b：表示是否显示网格。若提供其他关键字参数，则 b 参数设为 True。

· which：表示显示网格的类型，支持 major、minor、both 这 3 种类型，默认为 major。

· axis：表示显示哪个方向的网格，该参数支持 both、x 和 y 这 3 个选项，默认为 both。

· linewidth 或 lw：表示网格线的宽度。

此外，还可以使用 Axes 对象的 grid() 方法显示网格。需要说明的是，坐标轴若没有刻度，就无法显示网格。

在 3.3.2 节绘制的正弦和余弦曲线图中显示水平网格，增加的代码如下。

```
# 显示网格
plt.grid(b=True, axis='y', linewidth=0.3)
```

运行程序，效果如图 3-9 所示。

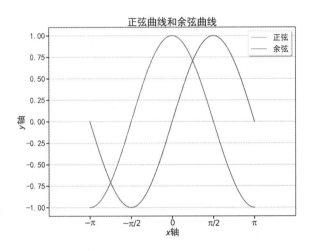

图 3-9　正弦和余弦曲线图——添加网格

3.4.2　实例 3：汽车速度与制动距离的关系（添加网格）

在 2.7.2 节的汽车速度与制动距离关系的散点图中，很多圆点因距离坐标轴较远而无法准确地看出数值。因此，本实例将在散点图中显示网格，并调整坐标轴的刻度，具体代码如下。

```
In [4]:
# 03_vehicle_speed_and_braking_distance
import numpy as np
import matplotlib.pyplot as plt
plt.rcParams['font.sans-serif'] = 'SimHei'
plt.rcParams['axes.unicode_minus'] = False
x_speed = np.arange(10, 210, 10)
y_distance = np.array([0.5, 2.0, 4.4, 7.9, 12.3,
                       17.7, 24.1, 31.5, 39.9, 49.2,
                       59.5, 70.8, 83.1, 96.4, 110.7,
                       126.0, 142.2, 159.4, 177.6, 196.8])
plt.scatter(x_speed, y_distance, s=50, alpha=0.9, linewidths=0.3)
# 设置 x 轴的标签、 刻度标签
plt.xlabel(' 速度 (km/h)')
```

```
plt.ylabel('制动距离(m)')
plt.xticks(x_speed)
# 显示网格
plt.grid(b=True, linewidth=0.3)
plt.show()
```

运行程序，效果如图 3-10 所示。

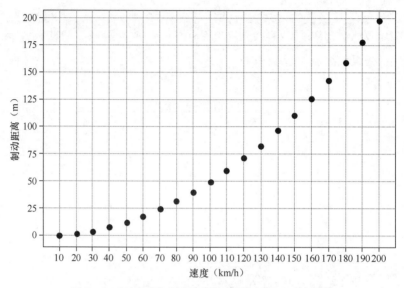

图 3-10　汽车速度与制动距离关系的散点图——添加网格

与图 2-19 相比，图 3-10 的散点图增加了坐标轴标签、浅灰色的网格，有助于用户大致了解各数据点对应的数值。

3.5　添加参考线和参考区域

3.5.1　添加参考线

参考线是一条或多条贯穿绘图区域的线条，用于为绘图区域中图形数据之间的比较提供参考依据，常见于财务分析、经营分析中，例如目标线、平均线、预算线等。参考线按方向的不同可分为水平参考线和垂直参考线。matplotlib 中提供了 axhline() 和 axvline() 函数，分别用于添加水平参考线和垂直参考线，具体介绍如下。

1. 使用 axhline() 绘制水平参考线

axhline() 函数的语法格式如下所示：

```
axhline(y=0, xmin=0, xmax=1, linestyle='-', **kwargs)
```

该函数常用参数的含义如下。

· y：表示水平参考线的纵坐标。

· xmin：表示水平参考线的起始位置，默认为 0。

・xmax：表示水平参考线的终止位置，默认为 1。

・linestyle：表示水平参考线的类型，默认为实线。

2. 使用 axvline() 绘制垂直参考线

axvline() 函数的语法格式如下所示：

```
axvline(x=0, ymin=0, ymax=1, linestyle='-', **kwargs)
```

该函数常用参数的含义如下。

・x：表示垂直参考线的横坐标。

・ymin：表示垂直参考线的起始位置，默认为 0。

・ymax：表示垂直参考线的终止位置，默认为 1。

・linestyle：表示垂直参考线的类型，默认为实线。

在 3.4.1 节绘制的正弦和余弦曲线图中添加参考线，增加的代码如下。

```
# 添加参考线
plt.axvline(x=0, linestyle='--')
plt.axhline(y=0, linestyle='--')
```

上述代码通过 linestyle 参数将参考线的类型设为虚线，避免了参考线与曲线混淆，关于线条的类型会在第 4 章进行介绍。

运行程序，效果如图 3-11 所示。

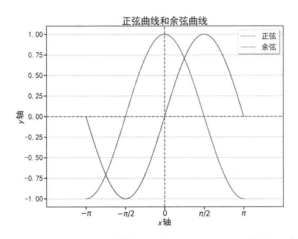

图 3-11　正弦和余弦曲线图——添加参考线

3.5.2　添加参考区域

pyplot 模块中提供了 axhspan() 和 axvspan() 函数，分别用于为图表添加水平参考区域和垂直参考区域，具体介绍如下。

1. 使用 axhspan() 绘制水平参考区域

axhspan() 函数的语法格式如下所示：

```
axhspan(ymin, ymax, xmin=0, xmax=1, **kwargs)
```

该函数常用参数的含义如下。

- ymin：表示水平跨度的下限，以数据为单位。
- ymax：表示水平跨度的上限，以数据为单位。
- xmin：表示垂直跨度的下限，以轴为单位，默认为 0。
- xmax：表示垂直跨度的上限，以轴为单位，默认为 1。

2. 使用 axvspan() 绘制垂直参考区域

axvspan() 函数的语法格式如下所示：

```
axvspan(xmin, xmax, ymin=0, ymax=1, **kwargs)
```

该函数常用参数的含义如下。

- xmin：表示垂直跨度的下限。
- xmax：表示垂直跨度的上限。

在 3.5.1 节绘制的正弦和余弦曲线图中添加参考区域，增加的代码如下。

```
# 添加参考区域
plt.axvspan(xmin=0.5, xmax=2.0, alpha=0.3)
plt.axhspan(ymin=0.5, ymax=1.0, alpha=0.3)
```

运行程序，效果如图 3-12 所示。

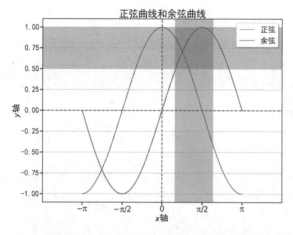

图 3-12　正弦和余弦曲线图——添加参考区域

3.5.3　实例 4：全校高二年级各班男女生英语成绩评估

某高中高二年级期中模拟考试后，学校对该年级各班各学科的平均成绩进行统计，计算出全体高二年级的英语平均成绩为 88.5，其中高二各班男生、女生的英语平均成绩如表 3-3 所示。

表 3-3　高二各班男生、女生英语平均成绩

班级名称	平均成绩（男生）	平均成绩（女生）
高二 1 班	90.5	92.7
高二 2 班	89.5	87.0
高二 3 班	88.7	90.5
高二 4 班	88.5	85.0

续表

班级名称	平均成绩（男生）	平均成绩（女生）
高二 5 班	85.2	89.5
高二 6 班	86.6	89.8

根据表 3-3 的数据，将"班级名称"一列的数据作为 x 轴的刻度标签，将"男生"和"女生"两列的数据作为刻度标签对应的数值，使用 bar() 绘制各班级男生、女生英语平均成绩的柱形图，并将高二年级的英语平均成绩作为参考线，比较哪些班级的英语成绩有待提高，具体代码如下。

```
In [5]:
# 04_average_score_of_english
import numpy as np
import matplotlib.pyplot as plt
plt.rcParams['font.sans-serif'] = ['SimHei']
plt.rcParams['axes.unicode_minus'] = False
men_means = (90.5, 89.5, 88.7, 88.5, 85.2, 86.6)
women_means = (92.7, 87.0, 90.5, 85.0, 89.5, 89.8)
ind = np.arange(len(men_means))    # 每组柱形的 x 位置
width = 0.2                        # 各柱形的宽度
fig = plt.figure()
ax = fig.add_subplot(111)
ax.bar(ind - width / 2, men_means, width, label='男生平均成绩')
ax.bar(ind + 0.2, women_means, width, label='女生平均成绩')
ax.set_title('高二各班男生、 女生英语平均成绩')
ax.set_ylabel('分数')
ax.set_xticks(ind)
ax.set_xticklabels(['高二 1 班', '高二 2 班', '高二 3 班', '高二 4 班',
                    '高二 5 班', '高二 6 班'])
# 添加参考线
ax.axhline(88.5, ls='--', linewidth=1.0, label='全体平均成绩')
ax.legend(loc="lower right")
plt.show()
```

运行程序，效果如图 3-13 所示。

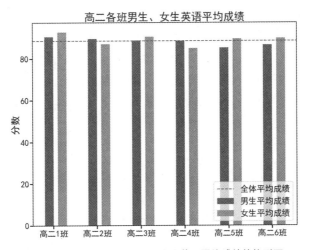

图 3-13　高二各班男生、女生英语平均成绩的柱形图

图 3–13 中，蓝色的虚线代表高二年级的英语平均成绩。由图 3–13 可知，高二 2 班、4 班女生和 5 班、6 班男生的平均成绩均低于高二年级的英语平均成绩。

3.6 添加注释文本

注释文本是图表的重要组成部分，它能够对图形进行简短描述，有助于用户理解图表。注释文本按注释对象的不同主要分为指向型注释文本和无指向型注释文本，其中指向型注释文本一般是针对图表某一部分的特定说明，无指向型注释文本一般是针对图表整体的特定说明。下面将介绍添加指向型注释文本和无指向型注释文本的方法。

3.6.1 添加指向型注释文本

指向型注释文本是指通过指示箭头的注释方式对绘图区域的图形进行解释的文本，它一般使用线条连接说明点和箭头指向的注释文字。pyplot 模块中提供了 annotate() 函数为图表添加指向型注释文本，该函数的语法格式如下所示：

```
annotate(s, xy, *args, **kwargs)
```

该函数常用参数的含义如下。

·s：表示注释文本的内容。

·xy：表示被注释的点的坐标位置，接收元组（x,y）。

·xytext：表示注释文本所在的坐标位置，接收元组（x,y）。

·xycoords：表示 xy 的坐标系统，默认值为"data"，代表与折线图使用相同的坐标系统。

·arrowprops：表示指示箭头的属性字典。

·bbox：表示注释文本的边框属性字典。

arrowprops 参数接收一个包含若干键的字典，通过向字典中添加键值对来控制箭头的显示。常见的控制箭头的键包括 width、headwidth、headlength、shrink、arrowstyle 等，其中键 arrowstyle 代表箭头的类型，该键对应的值及对应的类型如图 3–14 所示。

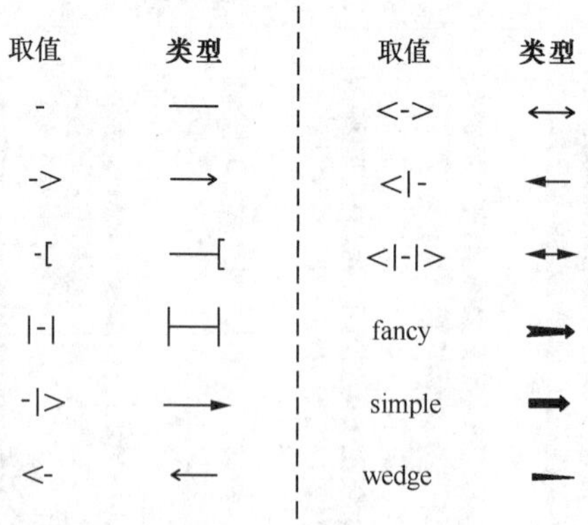

图 3–14 键 arrowstyle 的取值及对应的类型

在 3.5.2 节绘制的正弦和余弦曲线图中添加指向型注释文本，增加的代码如下。

```
# 添加指向型注释文本
plt.annotate("最小值",
            xy=(-np.pi / 2, -1.0),
            xytext=(-(np.pi / 2), -0.5),
            arrowprops=dict(arrowstyle="->"))
```

运行程序，效果如图 3-15 所示。

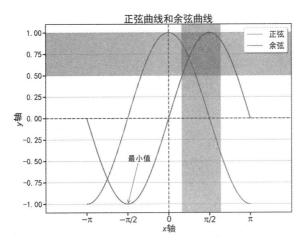

图 3-15　正弦和余弦曲线图——添加指向型注释文本

3.6.2　添加无指向型注释文本

无指向型注释文本是指仅使用文字的注释方式对绘图区域的图形进行说明的文本。pyplot 模块中提供了 text() 函数为图表添加无指向型注释文本，该函数的语法格式如下所示：

```
text(x, y, s, fontdict=None, withdash=<deprecated parameter>, **kwargs)
```

该函数常用参数的含义如下。

· x, y：表示注释文本的位置。

· s：表示注释文本的内容。

· fontdict：表示控制字体的字典。

· bbox：表示注释文本的边框属性字典。

· horizontalalignment 或 ha：表示水平对齐的方式，可以取值为 center、right 或 left。

· verticalalignment 或 va：表示垂直对齐的方式，可以取值为 center、top、bottom、baseline 或 center_baseline。

在 3.6.1 节绘制的正弦和余弦曲线图中添加无指向型注释文本，增加的代码如下。

```
# 添加无指向型注释文本
plt.text(3.10, 0.10, "y=sin(x)", bbox=dict(alpha=0.2))
```

运行程序，效果如图 3-16 所示。

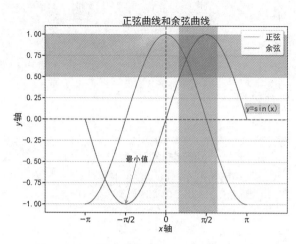

图 3-16 正弦和余弦曲线图——添加无指向型注释文本

多学一招：matplotlib编写数学表达式

matplotlib 中自带 mathtext 引擎，通过该引擎可以自动识别使用 annotate() 或 text() 函数传入的数学字符串，并解析成对应的数学表达式。数学字符串有固定的格式，它要求字符串以美元符号 "$" 为首尾字符，且首尾字符中间为数学表达式，基本格式如下所示：

```
'$数学表达式$'
```

为保证字符串中的所有字符能以字面的形式显示，数学字符串需要配合 "r" 使用。下面是使用 matplotlib 编写的一个简单的数学字符串：

```
r'$\alpha > \beta$'
```

以上字符串中 "\alpha" 和 "\beta" 对应常见的小写希腊字母 α 和 β，其对应的数学表达式如下：

$$\alpha > \beta$$

此外，"\alpha" 和 "\beta" 的后面还可以增加上标和下标，其中上标使用符号 "^" 表示，下标使用符号 "_" 表示。例如，将 α 的下标设为 i、将 β 的下标设为 i 的示例如下：

```
r'$\alpha_i > \beta_i$'
```

以上示例对应的数学表达式如下：

$$\alpha_i > \beta_i$$

matplotlib 中使用 "\frac{}{}" 可以编写分数形式的数字字符串，"\frac" 后面的两个大括号分别代表分数的分子和分母，示例代码如下：

```
r'$\frac{3}{4}$'
```

以上示例对应的数学表达式如下：

$$\frac{3}{4}$$

此外，还可以编写分数嵌套的数学字符串，代码如下：

```
r'$\frac{5 - \frac{1}{x}}{4}$'
```

以上示例对应的数学表达式如下：

$$\frac{5 - \dfrac{1}{x}}{4}$$

更多内容可以参照 matplotlib 官网自学，此处不再赘述。

3.6.3　实例 5：2013—2019 财年某电商平台的 GMV（添加注释文本）

虽然柱形图中可以通过柱形的高度反映每组数据的多少，但是仍然无法让用户精准地知道具体数值。因此，柱形图经常会与注释文本配合使用，在柱形的顶部标注具体数值。2.2.2节实例中的柱形图描述了某电商平台的 GMV，但图中的矩形条缺少具体的数值，因此这里将在柱形图中添加无指向型注释文本，代码如下。

```
In [6]:
# 05_commerce_platform_gmv
import matplotlib.pyplot as plt
import numpy as np
plt.rcParams['font.sans-serif'] = ['SimHei']
plt.rcParams['axes.unicode_minus'] = False
x = np.arange(1, 8)
y = np.array([10770, 16780, 24440, 30920, 37670, 48200, 57270])
bar_rects = plt.bar(x, y, tick_label=["FY2013", "FY2014", "FY2015",
                    "FY2016", "FY2017", "FY2018", "FY2019"], width=0.5)
# 添加无指向型注释文本
def autolabel(rects):
    """ 在每个矩形条的上方附加一个文本标签，以显示其高度 """
    for rect in rects:
        height = rect.get_height()      # 获取每个矩形条的高度
        plt.text(rect.get_x() + rect.get_width() / 2, height + 300,
                 s='{}'.format(height),
                 ha='center', va='bottom')
autolabel(bar_rects)
plt.ylabel('GMV(亿元)')
plt.show()
```

运行程序，效果如图 3-17 所示。

与图 2-6 相比，图 3-17 的柱形图增加了 y 轴的标签和注释文本，帮助用户准确地知道各柱形对应的数值。

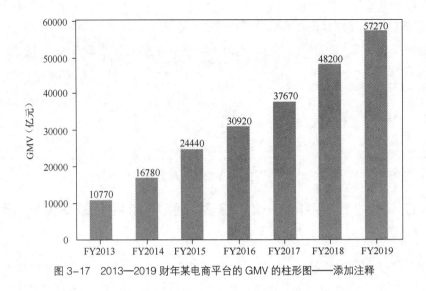

图 3-17   2013—2019 财年某电商平台的 GMV 的柱形图——添加注释

3.7　添加表格

3.7.1　添加自定义样式的表格

matplotlib 可以绘制各种各样的图表，以便用户发现数据间的规律。为了更加凸显数据间的规律与特点，便于用户从多元分析的角度深入挖掘数据潜在的含义，可将图表与数据表格结合使用，使用数据表格强调图表某部分的数值。matplotlib 中提供了为图表添加数据表格的函数 table()，该函数的语法格式如下所示：

```
table(cellText=None, cellColours=None, cellLoc='right', colWidths=None,
      rowLabels=None, rowColours=None, rowLoc='left', colLabels=None,
      colColours=None, colLoc='center', loc='bottom', bbox=None,
      edges='closed', **kwargs)
```

该函数常用参数表示的含义如下。

· cellText：表示表格单元格中的数据，是一个二维列表。

· cellColours：表示单元格的背景颜色。

· cellLoc：表示单元格文本的对齐方式，支持 'left'、'right' 和 'center' 三种取值，默认值为 'right'。

· colWidths：表示每列的宽度。

· rowLabels：表示行标题的文本。

· rowColours：表示行标题所在单元格的背景颜色。

· rowLoc：表示行标题的对齐方式。

· colLabels：表示列标题的文本。

· colColours：表示列标题所在单元格的背景颜色。

· colLoc：表示列标题的对齐方式。

· loc：表示表格与绘图区域的对齐方式。

此外，还可以使用 Axes 对象的 table() 方法为图表添加数据表格，此方法与 table() 函数的用法相似，此处不再赘述。

在 3.6.2 节绘制的正弦和余弦曲线图中添加数据表格，增加的代码如下。

```
# 添加表格
plt.table(cellText=[[6, 6, 6], [8, 8, 8]],
          colWidths=[0.1] * 3,
          rowLabels=['第1行', '第2行'],
          colLabels=['第1列', '第2列', '第3列'], loc='lower right')
```

运行程序，效果如图 3-18 所示。

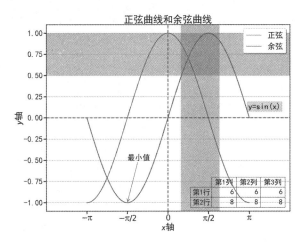

图 3-18　正弦和余弦曲线图——添加数据表格

3.7.2　实例 6：果酱面包配料比例

美好的一天从早餐开始，果酱面包是常见的早餐且深受大家喜爱，无论是大人还是小孩都很爱吃。已知某果酱面包需要准备的配料如表 3-4 所示。

表 3-4　果酱面包配料表　　　　　　　　　　　　　　　　单位：g

配料名称	重量
面粉	250
全麦粉	150
酵母	4
苹果酱	250
鸡蛋	50
黄油	30
盐	4
白糖	20

根据表 3-4 的数据，将"配料名称"一列的数据作为图例项，将"重量"一列的数

据与总重量的比例作为数据，使用 pie() 绘制果酱面包配料比例的饼图，并将各种配料的重量以数据表格的形式添加到图表中，方便用户了解各种配料的占比和重量，具体代码如下。

```
In [7]:
# 06_jam_bread_ingredients
import matplotlib.pyplot as plt
plt.rcParams['font.sans-serif'] = ['SimHei']
plt.rcParams['axes.unicode_minus'] = False
kinds = ['面粉', '全麦粉', '酵母', '苹果酱', '鸡蛋', '黄油', '盐', '白糖']
weight = [250, 150, 4, 250, 50, 30, 4, 20]
total_weight = 0
for i in weight:
    total_weight += i
batching_scale = [i / total_weight for i in weight]
plt.pie(batching_scale, autopct='%3.1f%%')
plt.legend(kinds, loc='upper right', bbox_to_anchor=[1.1, 1.1])
# 添加表格
plt.table(cellText=[weight],
          cellLoc='center',
          rowLabels=['重量 (g)'],
          colLabels=kinds,
          loc='lower center')
plt.show()
```

运行程序，效果如图 3-19 所示。

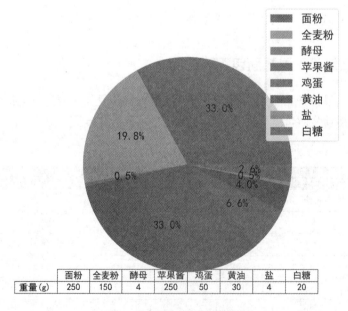

图 3-19　果酱面包配料的饼图

图 3-19 中，表格位于饼图的下方。由图 3-19 可知，蓝色和红色扇形的面积最大，说明苹果酱和面粉在果酱面包中占比最大，重量都为 250 g。

3.8　本章小结

本章主要介绍了图表辅助元素的定制，包括认识常用的辅助元素，设置坐标轴的标签，设置刻度范围和刻度标签，添加标题和图例，显示网格，添加参考线和参考区域，添加注释文本，添加表格。通过学习本章的内容，读者能熟悉常见图表辅助元素的用途和用法，可以为图表选择合适的辅助元素。

3.9　习题

一、填空题

1. 图表的辅助元素是指除了根据数据绘制的_____之外的元素。
2. 图例是一个列举图表中各组图形_____方式的方框图。
3. 指向型注释文本是通过_____的注释方式对图形进行解释的文本。
4. _____是标记坐标轴上特殊值的一条直线。
5. matplotlib 自带的引擎可以自动识别数学字符串，并将该数学字符串解析成相应的_____。

二、判断题

1. matplotlib 中图例一直位于图表的右上方，它的位置是不可变的。(　　　)
2. 参考线可以为图形数据与特殊值之间的比较提供参考。(　　　)
3. 坐标轴的标签代表图表名称，一般位于图表顶部居中的位置。(　　　)
4. 若坐标轴没有刻度，则无法显示网格。(　　　)
5. 坐标轴的刻度范围取决于数据的最大值和最小值。(　　　)

三、选择题

1. 关于图表的辅助元素，下列描述错误的是（　　　）。

    A. 标题一般位于图表的顶部中心，可以帮助用户理解图表要说明的内容

    B. 参考区域是标记坐标轴上特殊值的一条直线

    C. 图例由图例标识和图例项构成，可以帮助用户理解每组图形的含义

    D. 表格主要用于强调比较难以理解的数据

2. 下列函数中，可以设置坐标轴刻度标签的是（　　　）。

    A. xlim()　　　　　　B. grid ()　　　　　　C. xticks()　　　　　　D. axhline()

3. 当使用 pyplot 的 legend() 函数添加图例时，可以通过以下哪个参数控制图例的列数？（　　　）

    A. loc　　　　　　B. ncol　　　　　　C. bbox_to_anchor　　D. fancybox

4. 下列选项中，可以为图表添加一条值为 1.5 的水平参考线的是（　　　）。

    A.

```
plt.axhline(y=1.5, ls='--', linewidth=1.5)
```

    B.

```
plt.axhline(y=1, ls='--', linewidth=1.5)
```

C.

```
plt.axvline(x=1.5, ls='--', linewidth=1.5)
```

D.

```
plt.axvline(x=1, ls='--', linewidth=1.5)
```

5. 请阅读下面一段代码：

```
r'$\alpha^i < \beta^i$'
```

以上代码对应的数学公式为（   ）。

A. $\alpha_i > \beta_i$　　　　B. $\alpha^i > \beta^i$　　　　C. $\alpha_i < \beta_i$　　　　D. $\alpha^i < \beta^i$

四、简答题

1. 请简述指向型和无指向型注释文本的区别。

2. 请列举图表常用的辅助元素及其作用。

五、编程题

1. 在第 2 章编程题第 1 题的基础上定制柱形图，具体要求如下：

（1）设置 y 轴的标签为"平均成绩（分）"；

（2）设置 x 轴的刻度标签位于两组柱形中间；

（3）添加标题为"高二男生、女生的平均成绩"；

（4）添加图例；

（5）向每个柱形的顶部添加注释文本，标注平均成绩。

2. 在第 2 章编程题第 2 题的基础上定制饼图，具体要求如下：

（1）添加标题为"拼多多平台子类目的销售额"；

（2）添加图例，以两列的形式进行显示；

（3）添加表格，说明子类目的销售额。

Python 数据可视化

第 **4** 章

图表样式的美化

学习目标

★ 熟悉默认图表样式和图表样式的修改方法

★ 掌握 matplotlib 的颜色，可以使用多种方式为图表元素填充颜色

★ 掌握 matplotlib 的线型，可以选择任意的线条类型

★ 掌握 matplotlib 的数据标记，可以为折线图或散点图添加各种标记

★ 掌握 matplotlib 的字体，可以为图表的文本设置任意样式的字体

★ 掌握 matplotlib 的主题风格，可以为图表切换任意的主题风格

★ 掌握填充多边形或区域的方法

由前文的实例可知，matplotlib 绘制的图表具有固定的样式。例如，折线图的线条一直是蓝色的实线；散点图的数据点一直是圆点等，以这种固定样式绘制出的图表既单一又不美观。matplotlib 内置了一些图表元素的样式，包括颜色、线型、数据标记、字体、主题风格等，通过修改这些样式可以美化图表。本章将针对图表样式的修改进行详细介绍。

4.1　图表样式概述

4.1.1　默认图表样式

matplotlib 在绘图的过程中会读取存储在本地的配置文件 matplotlibrc，通过 matplotlibrc 文件中的缺省配置信息指定图表元素的默认样式，完成图表元素样式的初始设置，不需要开发人员逐一设置便可使用。

matplotlibrc 文件包含众多图表元素的配置项，可以通过 rc_params() 函数查看全部的配置项，示例代码及运行结果如下。

```
In [1]: import matplotlib
        matplotlib.rc_params()
Out[1]: RcParams({'_internal.classic_mode': False,
        'agg.path.chunksize': 0,
        'animation.avconv_args': [],
        'animation.avconv_path': 'avconv',
        'animation.bitrate': -1,
        'animation.codec': 'h264',
        'animation.convert_args': [],
        ... 省略 N 行 ...
        'ytick.minor.right': True,
        'ytick.minor.size': 2.0,
        'ytick.minor.visible': False,
        'ytick.minor.width': 0.6,
        'ytick.right': False})
```

由以上结果可知，rc_params() 函数返回一个 RcParams 对象。RcParams 对象是一个字典对象，其中字典的键是由配置要素（如 ytick）及其属性（如 right）组成的配置项，值为配置项的默认值。

　　所有的配置项按作用对象的不同主要分为 10 种配置要素，包括 lines(线条)、patch(图形)、font(字体)、text(文本)、axes(坐标系)、xtick 和 ytick(刻度)、grid(网格)、legend(图例)、figure(画布) 及 savefig(保存图像)。matplotlib 常用的配置项及其说明如表 4-1 所示。

表 4-1　matplotlib 常用的配置项

配置项	说明	默认值
lines.color	线条颜色	'C0'
lines.linestyle	线条类型	'-'
lines.linewidth	线条宽度	1.5
lines.marker	线条标记	'None'
lines.markeredgecolor	标记边框颜色	'auto'
lines.markeredgewidth	标记边框宽度	1.0
lines.markerfacecolor	标记颜色	auto
lines.markersize	标记大小	6.0
font.family	系统字体	['sans-serif']
font.sans-serif	无衬线字体	['DejaVu Sans', 'Bitstream Vera Sans', 'Computer Modern Sans Serif','LucidaGrande', 'Verdana','Geneva','Lucid', 'Arial','Helvetica', 'Avant Garde','sans-serif']
font.size	字体大小	10.0
font.style	字体风格	'normal'
axes.unicode_minus	采用 Unicode 编码的减号	True
axes.prop_cycle	属性循环器	cycler('color', ['#1f77b4', '#ff7f0e', '#2ca02c', '#d62728', '#9467bd', '#8c564b', '#e377c2', '#7f7f7f', '#bcbd22', '#17becf'])
figure.constrained_layout.use	使用约束布局	False

　　需要说明的是，matplotlib 载入时会主动调用 rc_params() 函数获取包含全部配置项的字典，并将该字典赋值给变量 rcParams，以便用户采用访问字典 rcParams 的方式设置或获取配置项。

4.1.2　图表样式修改

　　matplotlib 通过灵活地修改配置项来改变图表的样式，而不必拘泥于系统默认的配置。图表的样式可以通过两种方式进行修改：局部修改和全局修改。下面分别进行介绍。

1. 局部修改

　　局部修改的方式是指通过代码动态地修改 matplotlib 配置项，此方式用于满足程序局部定制的需求。若希望局部修改图表的样式，则可以通过以下任一种方式实现。

（1）通过给函数的关键字参数传值来修改图表的样式。例如，将线条的宽度设为 3，代码如下：

```
plt.plot([1, 2, 3], [3, 4, 5], linewidth=3)
```

（2）通过 "rcParams[配置项]" 重新为配置项赋值来修改图表的样式。例如，将线条的宽度设为 3，代码如下：

```
plt.rcParams['lines.linewidth'] = 3
```

（3）通过给 rc() 函数的关键字参数传值来修改图表的样式。rc() 函数的语法格式如下所示：

```
rc(group, **kwargs)
```

该函数的 group 参数表示配置要素。例如，将线条的宽度设为 3，代码如下：

```
plt.rc('lines', linewidth=3)
```

需要注意的是，第 1 种方式只能对某一图表中指定元素的样式进行修改，而第 2 种和第 3 种方式可以对整个 py 文件中指定元素的样式进行修改。

2. 全局修改

全局修改的方式是指直接修改 matplotlibrc 文件的配置项，此方式用于满足程序全局定制的需求，可以对指定的图表样式进行统一修改，不需要每次在具体的程序中进行单独修改，不仅提高了代码的编写效率，而且减轻了重复操作的负担。

matplotlibrc 文件主要存在于 3 个路径：当前工作路径、用户配置路径和系统配置路径。不同的路径决定了配置文件的调用顺序。matplotlib 使用 matplotlibrc 文件的路径搜索顺序如下。

① 当前工作路径：程序运行的目录。

② 用户配置路径：通常位于 HOME/.matplotlib/ 目录中，可以通过环境变量 MATPLOTLIBRC 进行修改。

③ 系统配置路径：位于 matplotlib 安装路径的 mpl-data 目录中。

matplotlib 可以使用 matplotlib_fname() 函数查看当前使用的 matplotlibrc 文件所在的路径，示例代码及运行结果如下。

```
In [2]: import matplotlib
        matplotlib.matplotlib_fname()
Out[2]: 'C:\\Users\\admin\\Anaconda3\\lib\\site-packages\\matplotlib\\
        mpl-data\\matplotlibrc'
```

以上提供了多种修改图表样式的方式，具体选择哪种方式完全取决于项目。若用户开发的项目中包含多个相同的配置项，可以采用全局修改的方式修改图表样式；若用户开发的项目中需要定制个别配置项，可以采用局部修改的方式灵活地修改图表的样式，例如，使用 rcParams 字典设置中文字体。

4.2　使用颜色

在数据可视化中，颜色通常被用于编码数据的分类或定序属性（例如受教育程度，文盲或半文盲为 1，小学为 2……）。图表使用颜色时应遵循一定的基本规则，既要避免使用过多的颜色，又要避免随意使用颜色，否则会直接影响可视化的效果且不易让人理解。合理地使用颜色可以参考以下规则：

① 广泛的色调和亮度范围。

② 遵循自然的颜色模式。

③ 尽量使用渐变颜色，而不是选择一组静态颜色。

matplotlib 内置了一些表示单一颜色的基础颜色和表示一组颜色的颜色映射表。下面将对颜色的使用方式进行详细介绍。

4.2.1　使用基础颜色

matplotlib 的基础颜色主要有 3 种表示方式：单词缩写或单词、十六进制或 HTML 模式、RGB 模式，具体介绍如下。

1. 单词缩写或单词表示的颜色

matplotlib 支持使用单词缩写或单词表示的 8 种颜色：青色、洋红色、黄色、黑色、红色、绿色、蓝色、白色。每种颜色的表示方式及说明如表 4-2 所示。

表 4-2　单词缩写或单词表示的颜色

单词缩写	单词	说明
c	cyan	青色
m	magenta	洋红色
y	yellow	黄色
k	black	黑色
r	red	红色
g	green	绿色
b	blue	蓝色
w	white	白色

2. 十六进制或 HTML 模式表示的颜色

matplotlib 支持使用十六进制或 HTML/CSS 模式表示更多的颜色，它将这些颜色存储在 colors.cnames 字典中，可通过访问 colors.cnames 字典查看全部的颜色，示例代码及运行结果如下。

```
In [3]: for name, hex in matplotlib.colors.cnames.items():
            print(name, hex)
Out[3]:
aliceblue #F0F8FF
antiquewhite #FAEBD7
aqua #00FFFF
aquamarine #7FFFD4
azure #F0FFFF
beige #F5F5DC
bisque #FFE4C4
black #000000
```

```
... 省略 N 行 ...
whitesmoke #F5F5F5
yellow #FFFF00
yellowgreen #9ACD32
```

由以上运行结果可知，cnames 字典的键为 HTML 模式的颜色字符串，值为十六进制的颜色字符串。

3. RGB 模式表示的颜色

matplotlib 支持使用 RGB 模式的三元组表示颜色，其中元组的第 1 个元素代表红色值，第 2 个元素代表绿色值，第 3 个元素代表蓝色值，且每个元素的取值范围均是 [0,1]，示例代码如下：

```
color = (0.3, 0.3, 0.4)
```

以上 3 种方式表示的颜色都可以传入 matplotlib 带有表示颜色的 color 或 c 参数的不同函数或方法中，从而为图表的相应元素设置颜色。例如，分别用 3 种方式将线条的颜色设为绿色，代码如下。

```
# 第 1 种方式
plt.plot([1, 2, 3], [3, 4, 5], color='g')
# 第 2 种方式
plt.plot([1, 2, 3], [3, 4, 5], color='#2E8B57')
# 第 3 种方式
plt.plot([1, 2, 3], [3, 4, 5], color=(0.0, 0.5, 0.0))
```

4.2.2　使用颜色映射表

matplotlib 内置了众多预定义的颜色映射表，使用这些颜色映射表可以为用户提供更多的颜色建议，为用户节省大量的开发时间。pyplot 模块中提供了 colormaps() 函数用于查看所有可用的颜色映射表，示例代码及运行结果如下。

```
In [4]: plt.colormaps()
Out[4]:
['Accent',
'Accent_r',
'Blues',
'Blues_r',
... 省略 N 行 ...
'viridis',
'viridis_r',
'winter',
'winter_r']
```

以上展示的颜色映射表的名称分为有 "_r" 后缀和无 "_r" 后缀两种，其中有 "_r" 后缀的颜色表相当于同名的无 "_r" 后缀的反转后的颜色表。假设颜色映射表 demo 包含的颜色顺序为 black、white、gray，那么颜色映射表 demo_r 的颜色顺序为 gray、white、black。

颜色映射表能够表示丰富的颜色，常用映射表有 autumn、bone、cool、copper、flag、gray、hot、hsv、jet、pink、prism、sprint、summer、winter。为了让用户合理地使用颜色映射表，颜色映射表一般可以划分为以下 3 类。

· Sequential：表示同一颜色从低饱和度到高饱和度的单色颜色映射表。

· Diverging：表示颜色从中间的明亮色过渡到两个不同颜色范围方向的颜色映射表。

· Qualitative：表示可以轻易区分不同种类的数据的颜色映射表。

此外，开发人员可以自定义新的颜色映射表，再通过 matplotlib.cm.register_cmap() 函数将自定义的颜色映射表添加到 matplotlib。

matplotlib 主要有两种使用颜色映射表的方式：第一种方式是在调用函数或方法绘制图表或添加辅助元素时将颜色映射表传递给关键字参数 cmap；第二种方式是直接调用 set_cmap() 函数进行设置。这两种方式的具体用法如下。

（1）使用关键字参数 cmap 的示例代码如下。

```
plt.scatter(x, y, c=np.random.rand(10), cmap=matplotlib.cm.jet)
```

（2）使用 set_cmap() 函数的示例代码如下。

```
plt.set_cmap(matplotlib.cm.jet)
```

4.2.3　实例 1：两个地区对不同种类图书的采购情况

高尔基说："书籍是人类进步的阶梯。"据统计韩国人年均阅读量为 7 本，日本人年均阅读量为 40 本。相比较而言，中国人的阅读量还有进步空间。已知地区 1 和地区 2 对各类图书的采购情况如表 4-3 所示。

表 4-3　地区 1 和地区 2 对各类图书的采购情况　　　　　　　　　　单位：本

图书种类	地区 1	地区 2
家庭	1200	1050
小说	2400	2100
心理	1800	1300
科技	2200	1600
儿童	1600	1340

根据表 4-3 的数据，将"图书种类"一列的数据作为 x 轴的刻度标签，将"地区 1"和"地区 2"两列数据作为 y 轴对应的两组数据，绘制反映地区 1 和地区 2 对各类图书的采购情况的堆积柱形图，并分别使用"#FFCC00"和"#B0C4DE"这两种颜色进行区分，具体代码如下。

```
In [5]:
# 01_book_purchase
import numpy as np
import matplotlib.pyplot as plt
plt.rcParams["font.sans-serif"] = ["SimHei"]
plt.rcParams["axes.unicode_minus"] = False
x = np.arange(5)
y1 = [1200, 2400, 1800, 2200, 1600]
y2 = [1050, 2100, 1300, 1600, 1340]
bar_width = 0.6
tick_label = ["家庭", "小说", "心理", "科技", "儿童"]
fig = plt.figure()
```

```
ax = fig.add_subplot(111)
# 绘制柱形图，并使用颜色
ax.bar(x, y1, bar_width, color="#FFCC00", align="center", label="地区 1")
ax.bar(x, y2, bar_width, bottom=y1, color="#B0C4DE", align="center",
       label="地区 2")
ax.set_ylabel("采购数量（本）")
ax.set_xlabel("图书种类")
ax.set_title("地区 1 和地区 2 对各类图书的采购情况")
ax.grid(True, axis='y', color="gray", alpha=0.2)
ax.set_xticks(x)
ax.set_xticklabels(tick_label)
ax.legend()
plt.show()
```

运行程序，效果如图 4-1 所示。

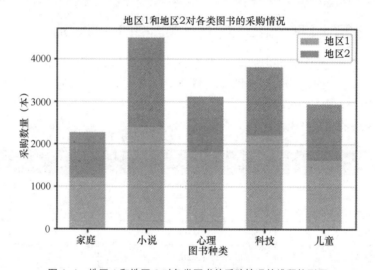

图 4-1　地区 1 和地区 2 对各类图书的采购情况的堆积柱形图

图 4-1 中，每个柱形由两种不同颜色的矩形条堆积而成，其中上方的浅蓝色矩形条代表地区 2 的采购数量，下方的淡黄色矩形条代表地区 1 的采购数量。由图 4-1 可知，明亮的颜色给人轻快的感觉，而不同于之前的深色给人厚重的感觉。

4.3　选择线型

4.3.1　选择线条的类型

图表中每个线条均具有不同的含义，一般可以通过设置颜色、宽度、类型来区分线条。其中，类型是区分线条的常见方式之一。matplotlib 内置了 4 种线条的类型，每种线条类型的取值、说明和样式如图 4-2 所示。

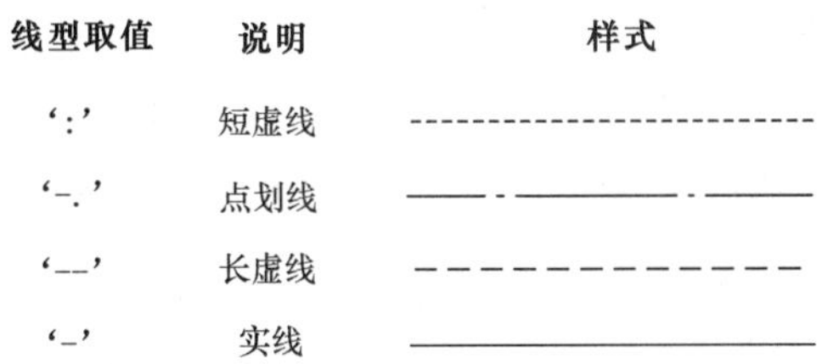

线型取值	说明	样式
':'	短虚线	----------------------------
'-.'	点划线	—— · —————— · ——
'--'	长虚线	— — — — — — — — — —
'-'	实线	————————————

图 4-2　线条的类型

在 matplotlib 中，默认的线条类型是实线。当 pyplot 绘制折线图、显示网格或添加参考线时，可以将线型的取值传递给 linestyle 或 ls 参数，以选择其他的线条类型。例如，将折线图的线条设为长虚线，具体代码如下。

```
plt.plot([1, 2, 3], [3, 4, 5], linestyle='--')
# 或者
plt.plot([1, 2, 3], [3, 4, 5], ls='--')
```

4.3.2　实例 2：2017 年 7 月与 2019 年 7 月国际外汇市场美元 / 人民币汇率走势

汇率又称外汇利率，指两种货币之间兑换的比率，亦可视为一个国家的货币对另一种货币的价值。汇率会受诸多外界因素的影响而出现上下波动，从而产生货币贬值和货币升值的现象。已知 2017 年 7 月与 2019 年 7 月国际外汇市场美元 / 人民币的汇率如表 4-4 所示。

表 4-4　2017 年 7 月与 2019 年 7 月美元 / 人民币的汇率

日期	2017 年汇率	2019 年汇率
3 日	6.8007	6.8640
4 日	6.8007	6.8705
5 日	6.8015	6.8697
6 日	6.8015	6.8697
7 日	6.8060	6.8697
8 日	6.8060	6.8881
9 日	6.8060	6.8853
10 日	6.8036	6.8856
11 日	6.8025	6.8677
12 日	6.7877	6.8662
13 日	6.7835	6.8662
14 日	6.7758	6.8662
17 日	6.7700	6.8827
18 日	6.7463	6.8761
19 日	6.7519	6.8635
24 日	6.7511	6.8860
25 日	6.7511	6.8737
26 日	6.7539	6.8796
31 日	6.7265	6.8841

　　根据表 4-4 的数据，将"日期"一列的数据作为 x 轴的刻度范围，将"2017 年汇率"和"2019 年汇率"两列数据作为 y 轴的数据，使用 plot() 函数分别绘制反映 2017 年 7 月与 2019 年 7 月美元 / 人民币汇率走势的折线图，并使用实线和长虚线进行区分，具体代码如下。

```
In [6]:
# 02_dollar_RMB_exchange_rate
import numpy as np
import matplotlib.pyplot as plt
plt.rcParams["font.sans-serif"] = ["SimHei"]
plt.rcParams["axes.unicode_minus"] = False
# 汇率
eurcny_2017 = np.array([6.8007, 6.8007, 6.8015, 6.8015, 6.8060,
                        6.8060, 6.8060, 6.8036, 6.8025, 6.7877,
                        6.7835, 6.7758, 6.7700, 6.7463, 6.7519,
                        6.7511, 6.7511, 6.7539, 6.7265])
eurcny_2019 = np.array([6.8640, 6.8705, 6.8697, 6.8697, 6.8697,
                        6.8881, 6.8853, 6.8856, 6.8677, 6.8662,
                        6.8662, 6.8662, 6.8827, 6.8761, 6.8635,
                        6.8860, 6.8737, 6.8796, 6.8841])
date_x = np.array([3, 4, 5, 6, 7, 8, 9, 10, 11, 12,
                   13, 14, 17, 18, 19, 24, 25, 26, 31])
fig = plt.figure()
ax = fig.add_subplot(111)
# 第 1 条折线：湖绿色，实线，线宽为 2
ax.plot(date_x, eurcny_2017, color='#006374', linewidth=2,
        label='2017 年 7 月美元 / 人民币汇率')
# 第 2 条折线：紫色，长虚线，线宽为 2
ax.plot(date_x, eurcny_2019, color='#8a2e76', linestyle='--',
        linewidth=2, label='2019 年 7 月美元 / 人民币汇率')
ax.set_title('2017 年 7 月与 2019 年 7 月美元 / 人民币汇率走势')
ax.set_xlabel(' 日期 ')
ax.set_ylabel(' 汇率 ')
ax.legend()
plt.show()
```

运行程序，效果如图 4-3 所示。

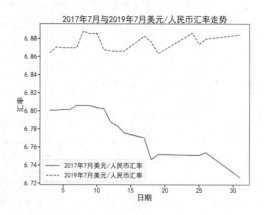

图 4-3　2017 年 7 月与 2019 年 7 月国际外汇市场美元 / 人民币汇率的折线图

图 4-3 中，紫色的虚线代表 2019 年 7 月的汇率，湖绿色的实线代表 2017 年 7 月的汇率。由图 4-3 可知，2019 年 7 月的汇率呈现较为平稳的趋势，2017 年 7 月的汇率呈现下降趋势。

4.4　添加数据标记

在 matplotlib 中，折线图的线条由数据标记及其之间的连线组成，且默认隐藏数据标记。数据标记一般指代表单个数据的圆点或其他符号等，用于强调数据点的位置，常见于折线图和散点图中。下面将介绍在折线图或散点图中添加数据标记的方法。

4.4.1　添加折线图或散点图的数据标记

matplotlib 中内置了许多数据标记，使用这些数据标记可以便捷地为折线图或散点图标注数据点。数据标记可以分为填充型标记和非填充型标记，这两种标记的取值、样式及说明分别如图 4-4 和图 4-5 所示。

标记取值	样式	说明	标记取值	样式	说明
's'	■	正方形	'X'	✖	叉形
'8'	⬣	八边形	'P'	✚	十字交叉形
'>'	▶	右三角	'd'	◆	长菱形
'<'	◀	左三角	'D'	◆	正菱形
'∧'	▲	正三角	'H'	⬡	六边形 1
'∨'	▼	倒三角	'h'	⬡	六边形 2
'o'	●	圆形	'*'	★	星形
			'p'	⬠	五边形

图 4-4　填充型标记

标记取值	样式	说明	标记取值	样式	说明
'+'	+	加号	1	─	水平线，位于基线右方
','	·	像素点	2	⊥	垂直线，位于基线上方
'.'	●	点	3	⊤	垂直线，位于基线下方
'1'	⅄	下三叉	4	◄	朝左方向键，位于基线右方
'2'	人	上三叉	5	►	朝右方向键，位于基线左方
'3'	⊰	左三叉	6	▲	朝上方向键，位于基线下方
'4'	⊱	右三叉	7	▼	朝下方向键，位于基线上方
'_'	─	水平线	8	◄	朝左方向键，位于基线左方
'×'	×	乘号	9	►	朝右方向键，位于基线右方
'|'	┼	垂直线	10	▲	朝上方向键，位于基线上方
0	─	水平线，位于基线左方	11	▼	朝下方向键，位于基线下方

图 4-5　非填充型标记

使用 pyplot 的 plot() 或 scatter() 函数绘制折线图或散点图时，可以将标记的取值传递给 marker 参数，从而为折线图或散点图添加数据标记。

例如，绘制一条带有星形标记的折线，代码如下：

```
plt.plot([1, 2, 3], [3, 4, 5], marker='*')
```

除此之外，pyplot 还可以为以下参数传值以控制标记的属性：

· markeredgecolor 或 mec：表示标记的边框颜色。

· markeredgewidth 或 mew：表示标记的边框宽度。

· markerfacecolor 或 mfc：表示标记的填充颜色。

· markerfacecoloralt 或 mfcalt：表示标记备用的填充颜色。

· markersize 或 ms：表示标记的大小。

例如，为刚刚添加的星形标记设置大小和颜色，代码如下：

```
plt.plot([1, 2, 3], [3, 4, 5], marker='*', markersize=20, markerfacecolor='y')
```

以上示例绘制的线条效果如图 4-6 所示。

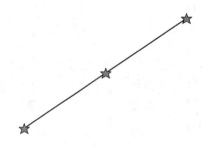

图 4-6　带星形标记的线条

多学一招：matplotlib格式字符串

matplotlib 在绘制折线图时，可以使用字符串分别为线条指定颜色、线型和数据标记这 3 种样式，但每次都需要分别给参数 color、linestyle、marker 传值，使得编写的代码过于烦琐。为此，matplotlib 提供了由颜色、标记、线型构成的格式字符串。格式字符串是快速设置线条基本样式的缩写形式的字符串，语法格式如下所示：

```
'[颜色][标记][线型]'
```

以上格式的每个选项都是可选的，选项之间组合的顺序也是可变的，若未提供则会使用样式循环中的值。其中，颜色只能是字母缩写形式表示的颜色。

若格式字符串中只有颜色一个选项，可以使用十六进制、单词拼写等其他形式表示的颜色。

pyplot 的 plot() 函数的 fmt 参数可接收格式字符串，以便能同时为线条指定多种样式，但该参数不支持以 fmt 为关键字的形式传参，而支持以位置参数的形式传递。

例如，绘制带有圆形标记的品红色虚线，代码如下：

```
plt.plot([1, 2, 3], [3, 4, 5], 'mo--')
```

4.4.2　实例 3：标记不同产品各季度的销售额

已知某公司旗下共有 3 款明星产品：产品 A、产品 B 和产品 C。为了解每款产品全年的销售额，公司对每款产品的年销售额进行了核算，核算之后的结果如表 4-5 所示。

表 4-5　不同产品各季度的销售额　　　　　　　　单位：万元

季度	产品 A	产品 B	产品 C
第 1 季度	2144	853	153
第 2 季度	4617	1214	155
第 3 季度	7674	2414	292
第 4 季度	6666	4409	680

根据表 4-5 的数据，将"季度"一列的数据作为 *x* 轴的刻度标签，将"产品 A""产品 B""产品 C"三列的数据作为 *y* 轴的数据，分别使用 plot() 函数绘制反映产品 A、产品 B 和产品 C 各季度的销售额的折线图，并使用不同的线型、颜色、标记进行区分，具体代码如下。

```
In [7]:
# 03_sales_of_different_products
import numpy as np
import matplotlib.pyplot as plt
plt.rcParams["font.sans-serif"] = ["SimHei"]
plt.rcParams["axes.unicode_minus"] = False
sale_a = [2144, 4617, 7674, 6666]
sale_b = [853, 1214, 2414, 4409]
sale_c = [153, 155, 292, 680]
fig = plt.figure()
ax = fig.add_subplot(111)
# 绘制具有不同线条样式的折线图
ax.plot(sale_a, 'D-', sale_b, '^:', sale_c, 's--')
ax.grid(alpha=0.3)
ax.set_ylabel(' 销售额 ( 万元 )')
ax.set_xticks(np.arange(len(sale_c)))
ax.set_xticklabels([' 第 1 季度 ',' 第 2 季度 ', ' 第 3 季度 ', ' 第 4 季度 '])
ax.legend([' 产品 A ',' 产品 B ',' 产品 C '])
plt.show()
```

运行程序，效果如图 4-7 所示。

图 4-7 中，每条折线均使用不同样式的数据标记标注了数据的位置，其中蓝色折线使用菱形标注了产品 A 各季度的销售额；橙色折线使用正三角形标注了产品 B 各季度的销售额；绿色折线使用正方形标注了产品 C 各季度的销售额。由图 4-7 可知，产品 A 在各季度的销售额都高于另两个产品，产品 C 在各季度的销售额都低于另两个产品。

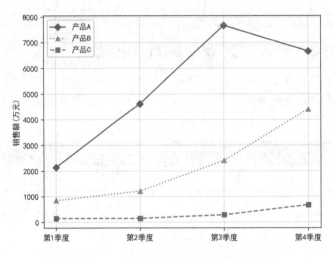

图 4-7   不同产品各季度的销售额的折线图

4.5   设置字体

言为心声，字为言表。文字是人类心中的画，也是人类心声视觉化的表现。不同的字体给人的直观感受不同，例如，宋体给人雅致、大气的感觉；黑体给人厚重、抢眼的感觉。由于每种字体具有不同的特点、使用场景，因此合适的字体可以对图表起到很好的修饰作用。合理地使用字体可以参考以下规则：

① 英文注释文本均使用 Arial、Helvetica 或 Times New Roman 字体。

② 中文注释文本均使用宋体或黑体，其中正文使用宋体，标题使用黑体。

③ 图表注释文本的最佳字体大小为 8 磅。

④ 字体的颜色与背景具有强对比度。

4.5.1   设置字体样式

在 matplotlib 中，文本都是 text 模块的 Text 类对象，可以通过之前介绍的 text()、annotate()、title() 等函数进行创建。Text 类中提供了一系列设置字体样式的属性，包括字体类别、字体大小、字体风格、字体角度等，这些属性及其说明如表 4-6 所示。

表 4-6   Text 类的常用属性

属性	说明
fontfamily 或 family	字体类别，支持具体的字体名称，也支持 'serif'、'sans-serif'、'cursive'、'fantasy'、'monospace' 中任一取值
fontsize 或 size	字体大小，可以是以点为单位，也可以是 'xx-small'、'x-small'、'small'、'medium'、'large'、'x-large'、'xx-large' 中任一取值
fontstretch 或 stretch	字体拉伸，取值范围为 0 ~ 1000，或是 'ultra-condensed'、'extra-condensed'、'condensed'、'semi-condensed'、'normal'、'semi-expanded'、'expanded'、'extra-expanded'、'ultra-expanded' 中任一取值

续表

属性	说明
fontstyle 或 style	字体风格，取值为 'normal'（标准）、'italic'（斜体）或 'oblique'（倾斜）
fontvariant 或 variant	字体变体，取值为 'normal' 和 'small-caps'
fontweight 或 weight	字体粗细，取值范围为 0 ~ 1000，或是 'ultralight'、'light'、'normal'、'regular'、'book'、'medium'、'roman'、'semibold'、'demibold'、'demi'、'bold'、'heavy'、'extra bold'、'black' 中任一取值
rotation	文字的角度，支持角度值，也可从 'vertical'、'horizontal' 中任一取值

表 4-6 的属性也可以作为 text()、annotate()、title() 函数的同名关键字参数，以便用户在创建文本的同时设置字体的样式。

例如，为折线图的线条添加注释文本，并设置字体的相关属性，代码如下。

```
plt.plot([1, 2, 3], [3, 4, 5])
plt.text(1.9, 3.75, 'y=x+2', bbox=dict(facecolor='y'), family='serif',
         fontsize=18, fontstyle='normal', rotation=-60)
```

以上示例添加的注释文本效果如图 4-8 所示。

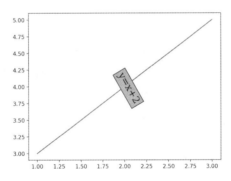

图 4-8　为折线图的线条添加注释文本

4.5.2　实例 4：未来 15 天的最高气温和最低气温（设置字体样式）

2.1.2 节实例 1 的折线图既没有使用数据标记标注数据的位置，也没有使用注释文本标注数值，影响用户阅读体验。因此，这里为折线图添加数据标记和注释文本，并设置注释文本的字体样式，具体代码如下。

```
In [8]:
# 04_maximum_minimum_temperatures
import matplotlib.pyplot as plt
import numpy as np
plt.rcParams['font.sans-serif'] = ['SimHei']
plt.rcParams['axes.unicode_minus'] = False
x = np.arange(4, 19)
y_max =[32, 33, 34, 34, 33, 31, 30, 29, 30, 29, 26, 23, 21, 25, 31]
y_min = [19, 19, 20, 22, 22, 21, 22, 16, 18, 18, 17, 14, 15, 16, 16]
# 可以多次调用 plot() 函数
plt.plot(x, y_max, marker='o', label=' 最高温度 ')
plt.plot(x, y_min, marker='o', label=' 最低温度 ')
```

```
# 为图表添加注释并设置字体的样式
x_temp = 4
for y_h, y_l in zip(y_max, y_min):
    plt.text(x_temp-0.3, y_h + 0.7, y_h, family='SimHei',
fontsize=8, fontstyle='normal')
    plt.text(x_temp-0.3, y_l + 0.7, y_l, family='SimHei',
fontsize=8, fontstyle='normal')
    x_temp += 1
plt.title(' 未来 15 天最高气温和最低气温的走势 ')
plt.xlabel(' 日期 ')
plt.ylabel(' 温度 ($^\circ$C)')
plt.ylim(0, 40)
plt.legend()
plt.show()
```

运行程序，效果如图 4-9 所示。

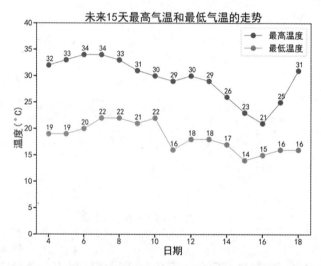

图 4-9　未来 15 天最高气温和最低气温的走势——设置字体样式

图 4-9 中，每条折线均使用指定字体样式的注释文本说明了数据点的具体数值。由图 4-9 可知，注释文本的字号小于其他文本的字号，并未给用户一种喧宾夺主的感觉。

4.6　切换主题风格

matplotlib.style 模块中内置了一些图表的主题风格，通过切换不同的主题风格以满足用户的不同需求。所有的主题风格都存储于 matplotlib 配置文件夹的 stylelib 目录中，可以通过访问 available 变量查看所有可用的主题风格，示例代码及运行结果如下。

```
In [8]: import matplotlib.style as ms
        print(ms.available)
```

```
Out[8]:
['bmh', 'classic', 'dark_background', 'fast', 'fivethirtyeight',
'ggplot', 'grayscale', 'seaborn-bright', 'seaborn-colorblind',
'seaborn-dark-palette', 'seaborn-dark', 'seaborn-darkgrid',
'seaborn-deep', 'seaborn-muted', 'seaborn-notebook', 'seaborn-paper',
'seaborn-pastel', 'seaborn-poster', 'seaborn-talk', 'seaborn-ticks',
'seaborn-white', 'seaborn-whitegrid', 'seaborn', 'Solarize_Light2',
'tableau-colorblind10', '_classic_test']
```

matplotlib 可以使用 use() 函数切换图表的主题风格。use() 函数的语法格式如下：

```
use(style)
```

该函数的参数 style 表示图表的主题风格，它可以接收 matplotlib 中所有可用的主题风格的字符串，也可以接收"default"来恢复默认的主题风格。

例如，将折线图的主题风格切换为"seaborn-dark"，代码如下：

```
ms.use('seaborn-dark')
```

运行程序，切换前与切换后的效果分别如图 4-10（a）和图 4-10（b）所示。

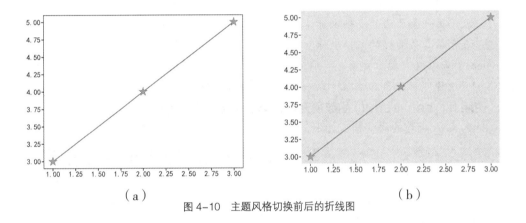

（a） （b）

图 4-10 主题风格切换前后的折线图

4.7 填充区域

4.7.1 填充多边形或曲线之间的区域

matplotlib 中提供了多个函数用于填充多边形或区域，分别为 fill()、fill_between() 和 fill_betweenx()。其中，fill() 函数用于填充多边形；fill_between() 或 fill_betweenx() 函数分别用于填充两条水平曲线或垂直曲线之间的区域。下面介绍 fill()、fill_between() 和 fill_betweenx() 函数的用法。

1. 使用 fill() 函数填充多边形

fill() 函数的语法格式如下所示：

```
fill(*args, data=None, facecolor, edgecolor, linewidth, **kwargs)
```

该函数常用参数的含义如下。

·*args：表示 *x* 轴坐标、*y* 轴坐标或颜色的序列。

·facecolor：表示填充的背景颜色。

·edgecolor：表示边框的颜色。

·linewidth：表示边框的宽度。

填充多边形的示例代码如下：

```
plt.fill(x, y)                    # 使用默认颜色填充多边形
plt.fill(x, y, "b")               # 使用指定颜色填充多边形
plt.fill(x, y, x2, y2)            # 使用默认颜色填充两个多边形
plt.fill(x, y, "b", x2, y2, "r")  # 使用指定颜色填充两个多边形
```

2. 使用 fill_between() 函数填充两条水平曲线之间的区域

fill_between() 函数的语法格式如下所示：

```
fill_between(x, y1, y2=0, where=None, interpolate=False, step=None,
             data=None, **kwargs)
```

该函数常用参数的含义如下。

·x：表示 *x* 轴坐标的序列。

·y1：表示第一条曲线的 *y* 轴坐标。

·y2：表示第二条曲线的 *y* 轴坐标。

·where：布尔值，表示要填充区域的条件。y1>y2 说明第一条曲线位于第二条曲线上方时填充；y1<y2 说明第二条曲线位于第一条曲线上方时填充。

3. 使用 fill_betweenx() 函数填充两条垂直曲线之间的区域

fill_betweenx() 函数的语法格式如下：

```
fill_betweenx(y, x1, x2=0, where=None, step=None, interpolate=False,
              data=None, **kwargs)
```

该函数常用参数的含义如下：

·y：表示 *y* 轴坐标的序列。

·x1：表示第一条曲线的 *x* 轴坐标。

·x2：表示第二条曲线的 *x* 轴坐标。

·where：布尔值，表示要填充区域的条件。x1>x2 说明第一条曲线位于第二条曲线右方时填充；x1<x2 说明第二条曲线位于第一条曲线右方时填充。

例如，将第一条曲线位于第二条曲线上方的区域填充为蓝色，将第一条曲线位于第二条曲线下方的区域填充为橙色，代码如下：

```
plt.fill_between(x, cos_y, sin_y, cos_y < sin_y, color='dodgerblue',
                 alpha=0.5)
plt.fill_between(x, cos_y, sin_y, cos_y > sin_y, color='orangered',
                 alpha=0.5)
```

以上示例的填充效果如图 4-11 所示。

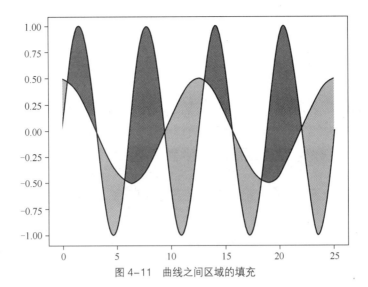

图 4-11　曲线之间区域的填充

4.7.2　实例 5：彩色的"雪花"

雪花一般呈六角形，且通体为白色。下面使用 matplotlib 绘制一个由六角形组成的雪花形状的多边形，并将多边形填充为浅橙色，具体代码如下。

```
In [9]:
# 05_colorful_snowflakes
import numpy as np
import matplotlib.pyplot as plt
def koch_snowflake(order, scale=10):
    def _koch_snowflake_complex(order):
        if order == 0:
            # 初始三角形
            angles = np.array([0, 120, 240]) + 90
            return scale / np.sqrt(3) * np.exp(np.deg2rad(angles) * 1j)
        else:
            ZR = 0.5 - 0.5j * np.sqrt(3) / 3
            p1 = _koch_snowflake_complex(order - 1)  # 起点
            p2 = np.roll(p1, shift=-1)  # 终点
            dp = p2 - p1  # 连接向量
            new_points = np.empty(len(p1) * 4, dtype=np.complex128)
            new_points[::4] = p1
            new_points[1::4] = p1 + dp / 3
            new_points[2::4] = p1 + dp * ZR
            new_points[3::4] = p1 + dp / 3 * 2
            return new_points
    points = _koch_snowflake_complex(order)
    x, y = points.real, points.imag
    return x, y
x, y = koch_snowflake(order=2)
fig = plt.figure()
ax = fig.add_subplot(111)
ax.fill(x, y, facecolor='lightsalmon', edgecolor='orangered', linewidth=3)
plt.show()
```

运行程序，效果如图 4-12 所示。

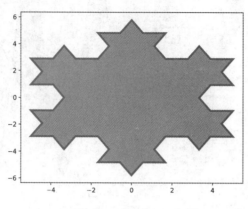

图 4-12　填充雪花形状

4.8　本章小结

本章主要介绍了图表样式的美化，包括图表样式概述、使用颜色、选择线型、添加数据标记、设置字体、切换主题风格和填充区域。通过学习本章的内容，希望读者可以明确图表美化的意义，并能够采用适当的方式进行图表美化。

4.9　习题

一、填空题

1. matplotlib 载入时会将包含全部配置项的字典赋值给变量_____，方便开发者采用访问字典的方式设置或获取配置项。

2. 在数据可视化中，_____通常被用于编码数据的分类或定序属性。

3. _____一般指代表单个数据的圆点或其他符号等，用于帮助用户强调数据的位置。

4. matplotlib 中文本都是一个_____类的对象。

5. matplotlib 可以使用_____函数切换图表的主题风格。

二、判断题

1. matplotlib 中线条的类型默认是长虚线。（　　　）

2. matplotlib 中折线图的线条默认不显示数据标记。（　　　）

3. 任何类型的图表都可以添加数据标记。（　　　）

4. matplotlib 支持使用多种方式表示的颜色。（　　　）

5. matplotlib 默认不支持显示中文。（　　　）

三、选择题

1. 关于图表的样式，下列描述正确的是（　　　）。

　A. matplotlib 会读取 matplotlibrc 文件的配置信息以指定图表的默认样式

  B.　图表的样式只能采用代码的方式进行修改

  C.　matplotlib 不能修改 matplotlibrc 文件的配置信息

  D.　matplotlibrc 文件一定保存在当前工作路径下

2.　下列选项中，表示的颜色不是黑色的是（　　　　）。

  A. 'k'　　　　　　　B. '#000000'　　　　C. (0.0, 0.0, 0.0)　　D. 'b'

3.　请阅读下面一段代码：

```
import matplotlib.pyplot as plt
plt.scatter([1, 2, 3], [3, 4, 5], s=10, marker='^')
plt.show()
```

  以上代码运行后，展示了一个带有（　　　　）标记的散点图。

  A.　正方形　　　　　B.　星形　　　　　　C.　菱形　　　　　　D.　正三角形

4.　下列函数中，用于切换图表主题风格的是（　　　　）。

  A.　turn()　　　　　B.　change()　　　　C.　use()　　　　　　D.　replace()

5.　下列函数中，用于填充多边形的是（　　　　）。

  A.　fill()　　　　　　B.　fill_between()　　C.　fill_betweenx()　　D.　fill_betweeny()

四、简答题

1.　请简述局部修改和全局修改图表样式的区别。

2.　请简述 fill()、fill_between() 和 fill_betweenx() 的区别。

五、编程题

1.　已知 2018 年、2019 年物流行业的快递业务量如表 4-7 所示。

表 4-7　2018 年、2019 年物流行业的快递业务量　　　　　　单位：亿件

月份	2018 年业务量	2019 年业务量
1 月	39	45
2 月	20	28
3 月	40	48
4 月	38	49
5 月	42	50
6 月	43	51
7 月	41	50
8 月	41	50
9 月	45	51
10 月	48	52
11 月	52	70
12 月	50	65

根据表 4-7 的数据绘制图表，具体要求如下。

（1）绘制反映 2018 年、2019 年快递业务量趋势的折线图。

（2）折线图的 x 轴为月份；y 轴为业务量，y 轴的标签为"业务量（亿件）"。

（3）代表 2018 年的折线样式：颜色为"#8B0000"，标记为正三角形，线型为长虚线，

线宽为 1.5。

（4）代表 2019 年的折线样式：颜色为"#006374"，标记为长菱形，线型为实线，线宽为 1.5。

（5）折线图的主题风格切换为"fivethirtyeight"。

2. 绘制一个包含正弦曲线和余弦曲线的图表，具体要求如下。

（1）正弦曲线的样式：红色，线宽为 1.0。

（2）余弦曲线的样式：蓝色，线宽为 1.0，透明度为 0.5。

（3）x 轴的刻度标签为 $-\pi$，$-\pi/2$，0，$\pi/2$，$-\pi$。

（4）在 x=1，y=np.cos(1) 的位置添加指向型注释文本。

（5）填充 $|x|<0.5$ 或 $\cos x > 0.5$ 的区域为绿色，透明度为 0.25。

最终的效果如图 4-13 所示。

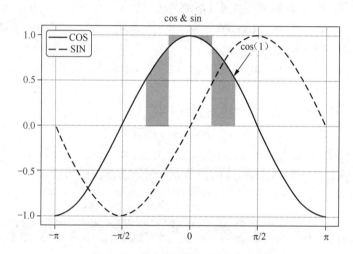

图 4-13　样式美化后的正弦和余弦曲线

Python 数据可视化

第 5 章

子图的绘制及坐标轴共享

拓展阅读

学习目标

★掌握绘制子图的几种方式，可以绘制固定区域和自定义区域的子图
★掌握共享坐标轴的方式，可以共享子图之间的坐标轴
★掌握子图的布局方式

用户为了能深入理解数据的含义，通常会将数据以一组相关图表的形式并排显示到同一平面上，以便于从多个角度比较和分析数据。基于上述需求，matplotlib 提供了一些将整个画布规划成若干区域，以及在指定区域上绘制子图（指每个区域上的图表）的功能。下面将对子图的相关知识进行详细的介绍，包括子图的绘制、子图坐标轴的共享和子图的布局。

5.1   绘制固定区域的子图

matplotlib 可以将整个画布规划成等分布局的 *m×n*（行 × 列）的矩阵区域，并按照先行后列的方式对每个区域进行编号（编号从 1 开始），之后在选中的某个或某些区域中绘制单个或多个子图。例如，画布被规划成等分布局的 3×2 的矩阵区域及编号示意图如图 5-1 所示。

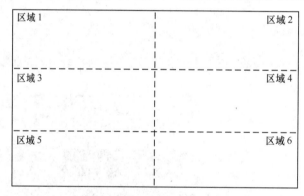

图 5-1   矩阵区域及编号示意图

下面将对在等分区域中绘制单子图或多子图的相关内容进行详细介绍。

5.1.1   绘制单子图

使用 pyplot 的 subplot() 函数可以在规划好的某个区域中绘制单个子图，subplot() 函数的语法格式如下：

```
subplot(nrows, ncols, index, projection, polar, sharex, sharey,
        label, **kwargs)
```

该函数的常用参数含义如下。

· nrows：表示规划区域的行数。

· ncols：表示规划区域的列数。

· index：表示选择区域的索引，默认从 1 开始编号。

· projection：表示子图的投影类型，可以为 None、'aitoff'、'hammer'、'lambert'、'mollweide'、 'polar'、'rectilinear' 中任一取值，其中默认值 None 代表使用 'rectilinear' 直线投影。

·polar：表示是否使用极坐标，默认值为 False。若参数 polar 设为 True，则作用等同于 projection='polar'。

·sharex, sharey：表示是否共享子图的 x 轴或 y 轴。

参数 nrows、ncols、index 既支持单独传参，也支持以一个 3 位整数（每位整数必须小于 10）的形式传参。例如，subplot(235) 与 subplot(2, 3, 5) 是等价的。

subplot() 函数会返回一个 Axes 类的子类 SubplotBase 对象。

需要说明的是，Figure 类对象可以使用 add_subplot() 方法绘制单子图，此方式与 subplot() 函数的作用是等价的。

例如，将画布规划成 3×2 的矩阵区域，并在索引为 6 的区域中绘制子图；再次将画布规划成 3×1 的矩阵区域，并在索引为 2 的区域中绘制子图，代码如下。

```
In [1]:
# 通过窗口的形式显示图片，很好地体现子图与整个画布的位置关系
%matplotlib auto
import matplotlib.pyplot as plt
# 画布被规划为 3×2 的矩阵区域，之后在索引为 6 的区域中绘制子图
ax_one = plt.subplot(326)
ax_one.plot([1, 2, 3, 4, 5])
# 画布被规划为 3×1 的矩阵区域，之后在索引为 2 的区域中绘制子图
ax_two = plt.subplot(312)
ax_two.plot([1, 2, 3, 4, 5])
plt.show()
```

运行程序，效果如图 5-2 所示。

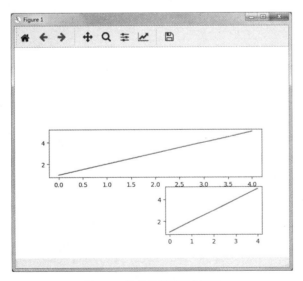

图 5-2　连续绘制的两个子图

▌▌ **多学一招：Jupyter Notebook的绘图模式**

当 Jupyter Notebook 工具运行 matplotlib 程序时，默认会以静态图片的形式显示运行结果。此时的图片不支持放大或缩小等交互操作。实际上，Jupyter Notebook 支持两种绘图模式，

分别为控制台绘图和弹出窗绘图。

1. 控制台绘图

控制台绘图是默认模式，该模式是将绘制的图表以静态图片的形式显示，具有便于存储图片、不支持用户交互的特点。开发者可以在 matplotlib 程序中添加"%matplotlib inline"语句，通过控制台来显示图片，示例代码及运行结果如图 5-3 所示。

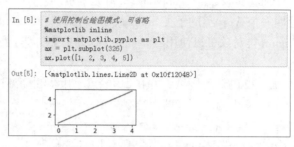

图 5-3　控制台绘图示例及运行结果

2. 弹出窗绘图

弹出窗绘图模式是将绘制的图表以弹出窗口的形式显示，具有支持用户交互、支持多种图片存储格式的特点。开发者可以在 matplotlib 程序中添加"%matplotlib auto"或"%matplotlib notebook"语句，通过弹出窗口来显示图片，示例代码及运行结果分别如图 5-4 和图 5-5 所示。

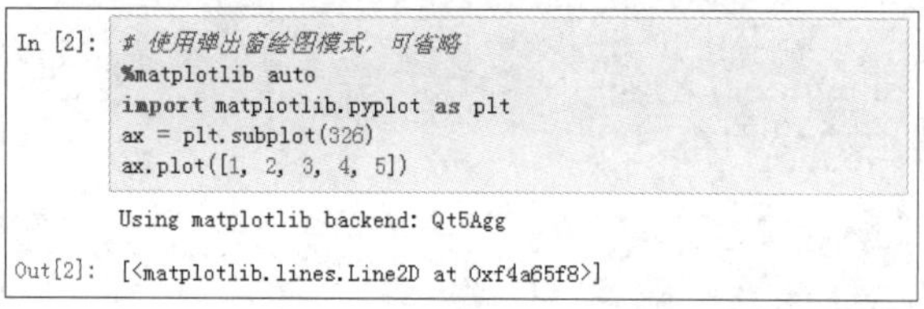

```
In [2]:  # 使用弹出窗绘图模式，可省略
         %matplotlib auto
         import matplotlib.pyplot as plt
         ax = plt.subplot(326)
         ax.plot([1, 2, 3, 4, 5])

         Using matplotlib backend: Qt5Agg

Out[2]:  [<matplotlib.lines.Line2D at 0xf4a65f8>]
```

图 5-4　弹出窗绘图示例代码

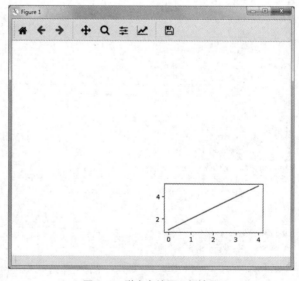

图 5-5　弹出窗绘图运行结果

需要注意的是，matplotlib 程序添加完设置绘图模式的语句后，很有可能出现延迟设置绘图模式的现象。因此这里建议大家重启服务，即在 Jupyter Notebook 工具的菜单栏中选择【Kernel】->【Restart】，之后在弹出的"重启服务？"窗口中选择【重启】即可。

5.1.2　实例 1：某工厂产品 A 与产品 B 去年的销售额分析

已知某工厂有两种爆款产品：产品 A 和产品 B。公司在 2020 年年初分别对产品 A 和产品 B 去年的销售额进行了统计，并将统计后的结果进行整合，如表 5–1 所示。

表 5–1　产品 A 和产品 B 去年的销售额　　　　　　　　　单位：亿元

月份	产品 A 的销售额	产品 B 的销售额
1	20	17
2	28	22
3	23	39
4	16	26
5	29	35
6	36	23
7	39	25
8	33	27
9	31	29
10	19	38
11	21	28
12	25	20

根据表 5–1 的数据，将"月份"一列的数据作为 x 轴的数据，将"产品 A 的销售额"和"产品 B 的销售额"两列的数据作为 y 轴的数据，将画布规划成 2×1 的矩阵区域，并在索引为 1 的区域中绘制反映产品 A 和产品 B 销售额趋势的折线图；将画布规划成 2×2 的矩阵区域，并在索引为 3 的区域中绘制反映产品 A 销售额占比的饼图；再次将画布规划成 2×2 的矩阵区域，并在索引为 4 的区域中绘制反映产品 B 销售额占比的饼图，具体代码如下。

```
In [2]:
# 01_product_sales
%matplotlib auto
import numpy as np
import matplotlib.pyplot as plt
plt.rcParams['font.sans-serif'] = ["SimHei"]
x = [x for x in range(1, 13)]
y1 = [20, 28, 23, 16, 29, 36, 39, 33, 31, 19, 21, 25]
y2 = [17, 22, 39, 26, 35, 23, 25, 27, 29, 38, 28, 20]
labels = ['1月', '2月', '3月', '4月', '5月', '6月',
          '7月', '8月', '9月', '10月', '11月', '12月']
# 将画布规划成等分布局的 2×1 的矩阵区域，之后在索引为 1 的区域中绘制子图
ax1 = plt.subplot(211)
ax1.plot(x, y1, 'm--o', lw=2, ms=5, label='产品A')
ax1.plot(x, y2, 'g--o', lw=2, ms=5, label='产品B')
```

```
ax1.set_title(" 产品 A 与产品 B 的销售额趋势 ", fontsize=11)
ax1.set_ylim(10, 45)
ax1.set_ylabel(' 销售额（亿元）')
ax1.set_xlabel(' 月份 ')
for xy1 in zip(x, y1):
    ax1.annotate("%s" % xy1[1], xy=xy1, xytext=(-5, 5),
                 textcoords='offset points')
for xy2 in zip(x, y2):
    ax1.annotate("%s" % xy2[1], xy=xy2, xytext=(-5, 5),
                 textcoords='offset points')
ax1.legend()
# 将画布规划成等分布局的 2×2 的矩阵区域，之后在索引为 3 的区域中绘制子图
ax2 = plt.subplot(223)
ax2.pie(y1, radius=1, wedgeprops={'width': 0.5}, labels=labels,
        autopct='%3.1f%%', pctdistance=0.75)
ax2.set_title(' 产品 A 的销售额 ')
# 将画布规划成等分布局的 2×2 的矩阵区域，之后在索引为 4 的区域中绘制子图
ax3 = plt.subplot(224)
ax3.pie(y2, radius=1, wedgeprops={'width': 0.5}, labels=labels,
        autopct='%3.1f%%', pctdistance=0.75)
ax3.set_title(' 产品 B 的销售额 ')
# 调整子图之间的距离
plt.tight_layout()
plt.show()
```

运行程序，效果如图 5-6 所示。

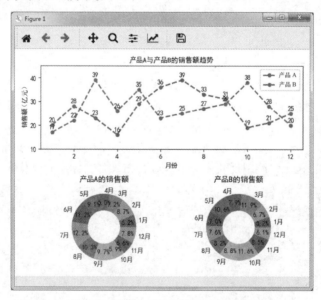

图 5-6　比较产品 A 和产品 B 销售额趋势和销售额占比的子图

图 5-6 中，整个窗口同时显示了 3 个图表，其中上方的折线图展示了去年产品 A 与产品 B 的销售额趋势，左下方的圆环图展示了产品 A 的销售额的占比，右下方的圆环图展示了产品 B 的销售额的占比。由图 5-6 可知，上方的折线图反映了产品 A 与产品 B 去年销售额的整体变化情况，下方的圆环图分别反映了去年每月产品 A 与产品 B 的销售额占比情况，同一个画布的多个子图从多个角度反映了数据呈现的多条信息。

5.1.3　绘制多子图

使用 pyplot 的 subplots() 函数可以在规划好的所有区域中一次绘制多个子图。subplots() 函数的语法格式如下：

```
subplots(nrows=1, ncols=1, sharex=False, sharey=False, squeeze=True,
subplot_kw=None, gridspec_kw=None, **fig_kw)
```

该函数常用参数的含义如下。

· nrows：表示规划区域的行数，默认为 1。

· ncols：表示规划区域的列数，默认为 1。

· sharex, sharey：表示是否共享子图的 x 轴或 y 轴。

· squeeze：表示是否返回压缩的 Axes 对象数组，默认为 True。当 squeeze 为 True 时，若 nrows 和 ncols 均为 1，则 subplots() 函数会返回一个 Axes 对象；若 nrows 和 ncols 均大于 1，则 subplots() 函数会返回一个 Axes 对象数组。当参数 squeeze 为 False 时，subplots() 函数会返回一个包含 Axes 对象的二维数组。

· gridspec_kw：表示用于控制区域结构属性的字典。

subplots() 函数会返回一个包含两个元素的元组，其中元组的第一个元素为 Figure 对象，第二个元素为 Axes 对象或 Axes 对象数组。

例如，将画布规划成 2×2 的矩阵区域，之后在第 3 个区域中绘制子图，代码如下。

```
In [3]:
%matplotlib auto
import matplotlib.pyplot as plt
# 将画布划分为 2×2 的等分区域
fig, ax_arr = plt.subplots(2, 2)
# 获取 ax_arr 数组第 1 行第 0 列的元素，也就是第 3 个区域
ax_thr = ax_arr[1, 0]
ax_thr.plot([1, 2, 3, 4, 5])
```

运行程序，效果如图 5-7 所示。

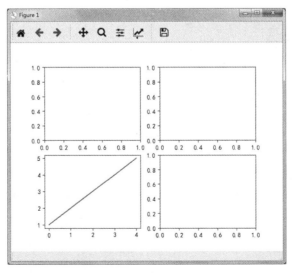

图 5-7　一次绘制的多个子图

5.1.4　实例 2：部分国家养猫人群比例与养狗人群比例分析

随着人们生活水平的提高，许多人都会在家里养一些萌宠，有时还会在抖音上分享萌宠日常的可爱视频。据某数据平台统计，部分国家养猫人群比例和养狗人群比例的情况如表 5-2 所示。

表 5-2　部分国家养猫人群比例与养狗人群比例

国家	养猫人群比例（%）	养狗人群比例（%）
中国	19	25
加拿大	33	33
巴西	28	58
澳大利亚	29	39
日本	14	15
墨西哥	24	64
俄罗斯	57	29
韩国	6	23
瑞士	26	22
土耳其	15	11
英国	27	27
美国	39	50

根据表 5-2 的数据，将"国家"一列的数据作为 y 轴的刻度，将"养猫人群比例"和"养狗人群比例"两列的数据作为 x 轴的数据，将整个画布规划成 1×2 的矩阵区域，并在索引为 1 和索引为 2 的区域中分别绘制反映养猫人群比例与养狗人群比例的条形图，具体代码如下。

```
In [4]:
# 02_people_with_dogs_and_cats
%matplotlib auto
import numpy as np
import matplotlib.pyplot as plt
plt.rcParams['font.sans-serif'] = ["SimHei"]
# 添加无指向型注释文本
def autolabel(ax, rects):
    """ 在每个矩形条的上方附加一个文本标签，以显示其高度 """
    for rect in rects:
        width = rect.get_width()      # 获取每个矩形条的高度
        ax.text(width + 3, rect.get_y() , s='{}'.format(width),
                ha='center', va='bottom')
y = np.arange(12)
x1 = np.array([19, 33, 28, 29, 14, 24, 57, 6, 26, 15, 27, 39])
x2 = np.array([25, 33, 58, 39, 15, 64, 29, 23, 22, 11, 27, 50])
labels = np.array(['中国', '加拿大', '巴西', '澳大利亚', '日本', '墨西哥',
                   '俄罗斯', '韩国', '瑞士', '土耳其', '英国', '美国'])
# 将画布规划为 1×2 的矩阵区域，依次在每个区域中绘制子图
fig, (ax1, ax2) = plt.subplots(1, 2)
barh1_rects = ax1.barh(y, x1, height=0.5, tick_label=labels, color='#FFA500')
ax1.set_xlabel(' 人群比例 (%)')
```

```
ax1.set_title('部分国家养猫人群的比例')
ax1.set_xlim(0, x1.max()+10)
autolabel(ax1, barh1_rects)
barh2_rects = ax2.barh(y, x2, height=0.5, tick_label=labels, color='#20B2AA')
ax2.set_xlabel('人群比例 (%)')
ax2.set_title('部分国家养狗人群的比例')
ax2.set_xlim(0, x2.max()+10)
autolabel(ax2, barh2_rects)
# 调整子图之间的距离
plt.tight_layout()
plt.show()
```

运行程序，效果如图 5-8 所示。

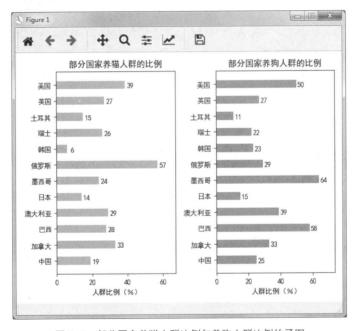

图 5-8　部分国家养猫人群比例与养狗人群比例的子图

图 5-8 中，整个窗口同时显示了两个图表，其中左侧的图表展示了部分国家养猫人群的比例，右侧的图表展示了部分国家养狗人群的比例。由图 5-8 可知，俄罗斯养猫人群的比例最高，墨西哥养狗人群的比例最高。

5.2　绘制自定义区域的子图

5.2.1　绘制单子图

使用 pyplot 的 subplot2grid() 函数可以将整个画布规划成非等分布局的区域，并可在选中的某个区域中绘制单个子图，subplot2grid() 函数的语法格式如下：

```
subplot2grid(shape, loc, rowspan=1, colspan=1, fig=None, **kwargs)
```

该函数常用参数的含义如下。

· shape：表示规划的区域结构，它是一个包含两个整型数据的元组，其中第 1 个元素表示规划区域的行数，第 2 个元素表示规划区域的列数。

· loc：表示选择区域的位置，它是一个包含两个整型数据的元组，其中第 1 个元素表示子图所在的行数（行数从 0 开始），第 2 个元素表示子图所在的列数（列数从 0 开始）。

· rowspan：表示向下跨越的行数，默认为 1。

· colspan：表示向右跨越的列数，默认为 1。

· fig：表示放置子图的画布，默认为当前画布。

例如，将画布规划成 2×3 的矩阵区域，并在第 0 行第 2 列的区域中绘制子图；再次将画布规划成 2×3 的矩阵区域，并在第 1 行第 1 ~ 2 列的区域中绘制子图，代码如下：

```
In [5]:
%matplotlib auto
import matplotlib.pyplot as plt
# 画布被规划成 2×3 的矩阵区域，之后在第 0 行第 2 列的区域中绘制子图
ax1 = plt.subplot2grid((2, 3), (0, 2))
ax1.plot([1, 2, 3, 4, 5])
# 画布被规划成 2×3 的矩阵区域，之后在第 1 行第 1 ~ 2 列的区域中绘制子图
ax2 = plt.subplot2grid((2, 3), (1, 1), colspan=2)
ax2.plot([1, 2, 3, 4, 5])
plt.show()
```

运行程序，效果如图 5-9 所示。

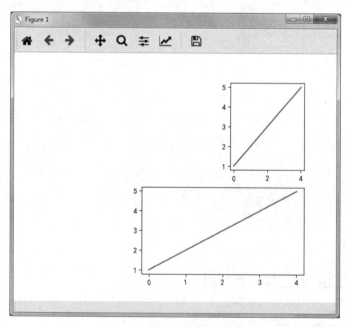

图 5-9　非等分布局的子图

图 5-9 中包含两个大小不同的图表。由图 5-9 可知，第 1 个图表位于画布的右上方，图表的宽度占画布宽度的三分之一，高度占画布高度的二分之一；第 2 个图表位于画布的右下方，图表的宽度占画布的三分之二，高度占画布高度的二分之一。

5.2.2　实例 3：2017 年与 2018 年抖音用户分析

抖音是一款音乐创意短视频社交软件，该软件自 2016 年 9 月上线以来受到越来越多年轻人的欢迎。用户可以通过这款软件选择歌曲，拍摄音乐短视频，生成自己的作品。海马云大数据平台统计了 2017 年 3—5 月与 2018 年 3—5 月抖音用户地区分布比例和人群增长倍数，如表 5-3 所示。

表 5-3　2017 年 3—5 月与 2018 年 3—5 月抖音用户地区分布比例和人群增长倍数

地区	2017 年 用户比例（%）	2018 年 用户比例（%）	人群增长倍数
一线城市	21	13	51
二线城市	35	32	73
三线城市	22	27	99
四线及以外	19	27	132
其他国家及地区	3	1	45

根据表 5-3 的数据，分别使用 3 个子图进行展示：在第 0 ~ 1 行第 0 ~ 1 列的区域中，绘制说明 2018 年相比于 2017 年人群增长倍数的柱形图；在第 2 行第 0 列的区域中，绘制说明 2017 年抖音用户地区分布比例的饼图；在第 2 行第 1 列的区域中，绘制说明 2018 年抖音用户地区分布比例的饼图，具体代码如下。

```
In [6]:
%matplotlib auto
# 03_2017_and_2018_user_analysis_of_douyin
import numpy as np
import matplotlib.pyplot as plt
plt.rcParams["font.sans-serif"] = ["SimHei"]
data_2017 = np.array([21, 35, 22, 19, 3])
data_2018 = np.array([13, 32, 27, 27, 1])
x = np.arange(5)
y = np.array([51, 73, 99, 132, 45])
labels = np.array(['一线城市', '二线城市', '三线城市', '四线及以外',
                   '其他国家及地区'])
# 平均增长倍数
average = 75
bar_width = 0.5
# 添加无指向型注释文本
def autolabel(ax, rects):
    """ 在每个矩形条的上方附加一个文本标签，以显示其高度 """
    for rect in rects:
        height = rect.get_height()    # 获取每个矩形条的高度
        ax.text(rect.get_x() + bar_width/2, height + 3,
                s='{}'.format(height), ha='center', va='bottom')
# 第 1 个子图
ax_one = plt.subplot2grid((3,2), (0,0), rowspan=2, colspan=2)
bar_rects = ax_one.bar(x, y, tick_label=labels, color='#20B2AA',
                       width=bar_width)
```

```
ax_one.set_title(' 抖音 2018vs2017 人群增长倍数 ')
ax_one.set_ylabel(' 增长倍数 ')
autolabel(ax_one, bar_rects)
ax_one.set_ylim(0, y.max() + 20)
ax_one.axhline(y=75, linestyle='--', linewidth=1, color='gray')
# 第 2 个子图
ax_two = plt.subplot2grid((3,2), (2,0))
ax_two.pie(data_2017, radius=1.5, labels=labels, autopct='%3.1f%%',
           colors=['#2F4F4F', '#FF0000', '#A9A9A9', '#FFD700', '#B0C4DE'])
ax_two.set_title('2017 年抖音用户地区分布的比例 ')
# 第 3 个子图
ax_thr = plt.subplot2grid((3,2), (2,1))
ax_thr.pie(data_2018, radius=1.5, labels=labels, autopct='%3.1f%%',
           colors=['#2F4F4F', '#FF0000', '#A9A9A9', '#FFD700', '#B0C4DE'])
ax_thr.set_title('2018 年抖音用户地区分布的比例 ')
# 调整子图之间的距离
plt.tight_layout()
plt.show()
```

运行程序，效果如图 5-10 所示。

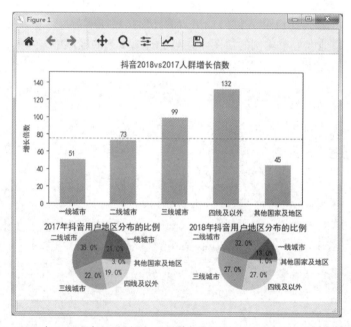

图 5-10　2017 年 3—5 月与 2018 年 3—5 月抖音用户地区分布比例和人群增长倍数的子图

5.3　共享子图的坐标轴

在同一画布中，若子图与其他子图的同方向的坐标轴相同，则可以共享子图之间同方向的坐标轴。下面将对相邻和非相邻子图之间共享坐标轴的方式进行详细介绍。

5.3.1　共享相邻子图的坐标轴

当 pyplot 使用 subplots() 函数绘制子图时，可以通过 sharex 或 sharey 参数控制是否共享 x 轴或 y 轴。sharex 或 sharey 参数支持 False 或 'none'、True 或 'all'、'row'、'col' 中任一取值，关于这些取值的含义如下。

· True 或 'all'：表示所有子图之间共享 x 轴或 y 轴。
· False 或 'none'：表示所有子图之间不共享 x 轴或 y 轴。
· 'row'：表示每一行的子图之间共享 x 轴或 y 轴。
· 'col'：表示每一列的子图之间共享 x 轴或 y 轴。

下面以同一画布中 2 行 2 列的子图为例，分别展示 sharex 参数不同取值的效果，如图 5-11 所示。

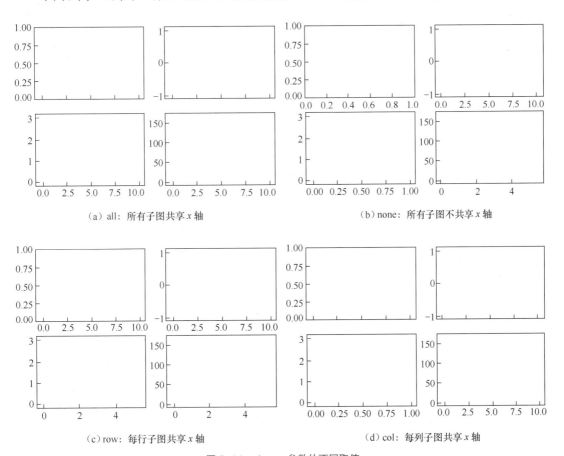

（a）all：所有子图共享 x 轴　　　　　　　（b）none：所有子图不共享 x 轴

（c）row：每行子图共享 x 轴　　　　　　　（d）col：每列子图共享 x 轴

图 5-11　sharex 参数的不同取值

例如，将画布规划成 2×2 的矩阵区域，依次在每个区域中绘制子图，每一列子图之间共享 x 轴，示例代码如下：

```
In [7]:
%matplotlib auto
import numpy as np
import matplotlib.pyplot as plt
plt.rcParams['axes.unicode_minus'] = False
x1 = np.linspace(0, 2*np.pi, 400)
```

```
x2 = np.linspace(0.01, 10, 100)
x3 = np.random.rand(10)
x4 = np.arange(0,6,0.5)
y1 = np.cos(x1**2)
y2 = np.sin(x2)
y3 = np.linspace(0,3,10)
y4 = np.power(x4,3)
# 共享每一列子图之间的 x 轴
fig, ax_arr = plt.subplots(2, 2, sharex='col')
ax1 = ax_arr[0, 0]
ax1.plot(x1, y1)
ax2 = ax_arr[0, 1]
ax2.plot(x2, y2)
ax3 = ax_arr[1, 0]
ax3.scatter(x3, y3)
ax4 = ax_arr[1, 1]
ax4.scatter(x4, y4)
plt.show()
```

运行程序，效果如图 5-12 所示。

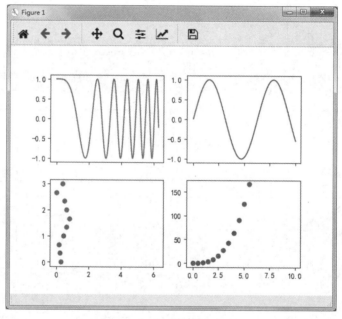

图 5-12　每列子图共享 x 轴

5.3.2　共享非相邻子图的坐标轴

当 pyplot 使用 subplot() 函数绘制子图时，也可以将代表其他子图的变量赋值给 sharex 或 sharey 参数，此时可以共享非相邻子图之间的坐标轴。

例如，将画布规划成 2×2 的矩阵区域，之后在索引为 1 的区域中先绘制一个子图，再次将画布规划成 2×2 的矩阵区域，之后在索引为 4 的区域中绘制另一个子图，后绘制的子图与先绘制的子图之间共享 x 轴，代码如下。

```
In [8]:
%matplotlib auto
x1 = np.linspace(0, 2*np.pi, 400)
y1 = np.cos(x1**2)
x2 = np.linspace(0.01, 10, 100)
y2 = np.sin(x2)
ax_one = plt.subplot(221)
ax_one.plot(x1, y1)
# 共享子图 ax_one 和 ax_two 的 x 轴
ax_two = plt.subplot(224, sharex=ax_one)
ax_two.plot(x2, y2)
```

运行程序，效果如图 5-13 所示。

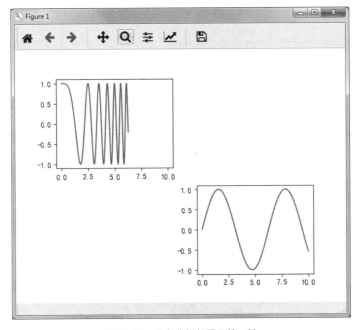

图 5-13　共享非相邻子图的 x 轴

多学一招：共享同一子图的坐标轴

单个子图也可以共享坐标轴，它通常会将 y 轴作为一组图形参考的坐标轴，将右侧的垂直坐标轴作为另一组图形参考的坐标轴。matplotlib 中提供了 twinx() 函数共享同一子图的坐标轴。twinx() 函数的语法格式如下：

```
twinx(ax=None)
```

该函数的 ax 参数表示要共享坐标轴的子图。

twinx() 函数会返回共享 x 轴的新绘图区域（Axes 类的对象），新创建的绘图区域具有不可见的 x 轴和独立的、位于右侧的 y 轴。例如，共享某个子图中的坐标轴，代码如下：

```
fig, ax = plt.subplots()
ax_right = ax.twinx()
```

5.3.3 实例 4：某地区全年平均气温与降水量、蒸发量的关系

气候是地球上某一地区大气的多年平均状况，主要有光照、气温、降水等气候要素，其中气温、降水是反映一个地区气候特性的重要指标。已知某地区全年的平均气温、降水量、蒸发量如表 5-4 所示。

表 5-4 某地区全年的平均气温与降水量、蒸发量

月份	平均气温（℃）	降水量（ml）	蒸发量（ml）
1 月	2.0	2.6	2.0
2 月	2.2	5.9	4.9
3 月	3.3	9.0	7.0
4 月	4.5	26.4	23.2
5 月	6.3	28.7	25.6
6 月	10.2	70.7	76.7
7 月	20.3	175.6	135.6
8 月	33.4	182.2	162.2
9 月	23.0	48.7	32.6
10 月	16.5	18.8	20.0
11 月	12.0	6.0	6.4
12 月	6.2	2.3	3.3

根据表 5-4 的数据，将"月份"一列的数据作为 x 轴的刻度标签，将"平均气温""降水量""蒸发量"三列的数据作为 y 轴的数据，在同一绘图区域中分别绘制反映平均气温、降水量、蒸发量关系的图表，具体代码如下。

```
In [9]:
# 04_temperature_precipitation_evaporation
import numpy as np
import matplotlib.pyplot as plt
plt.rcParams["font.sans-serif"] = ["SimHei"]
plt.rcParams["axes.unicode_minus"] = False
month_x = np.arange(1, 13, 1)
# 平均气温
data_tem = np.array([2.0, 2.2, 3.3, 4.5, 6.3, 10.2,
                     20.3, 33.4, 23.0, 16.5, 12.0, 6.2])
# 降水量
data_precipitation = np.array([2.6, 5.9, 9.0, 26.4, 28.7, 70.7,
                               175.6, 182.2, 48.7, 18.8, 6.0, 2.3])
# 蒸发量
data_evaporation = np.array([2.0, 4.9, 7.0, 23.2, 25.6, 76.7,
                             135.6, 162.2, 32.6, 20.0, 6.4, 3.3])
fig, ax = plt.subplots()
bar_ev = ax.bar(month_x, data_evaporation, color='orange',
            tick_label=['1月', '2月', '3月', '4月', '5月', '6月',
                        '7月', '8月', '9月', '10月', '11月', '12月'])
bar_pre = ax.bar(month_x, data_precipitation,
              bottom=data_evaporation, color='green')
ax.set_ylabel('水量(ml)')
```

```
ax.set_title(' 平均气温与降水量、 蒸发量的关系 ')
ax_right = ax.twinx()
line = ax_right.plot(month_x, data_tem, 'o-m')
ax_right.set_ylabel(' 气温 ($^\circ$C)')
# 添加图例
plt.legend([bar_ev, bar_pre, line[0]], [' 蒸发量 ', ' 降水量 ', ' 平均气温 '],
          shadow=True, fancybox=True)
plt.show()
```

运行程序，效果如图 5-14 所示。

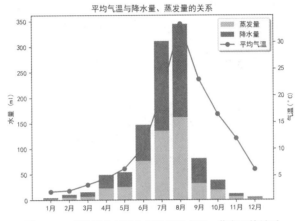

图 5-14　某地区全年平均气温与降水量、蒸发量的关系

图 5-14 中，折线代表全年气温的趋势，参照右方的垂直坐标轴；绿色、橙色的柱形分别代表全年降水量、全年蒸发量，参照左方的垂直坐标轴，它们之间共享 x 轴。由图 5-14 可知，随着气温的升高，蒸发量也有所增加，降水量与蒸发量大致相等。

5.4　子图的布局

当带有标题的多个子图并排显示时，多个子图会因区域过于紧凑而出现标题和坐标轴之间相互重叠的问题，而且子图元素的摆放过于紧凑，也影响用户的正常查看。matplotlib 中提供了一些调整子图布局的方法，包括约束布局、紧密布局和自定义布局，通过这些方法可以合理布局多个子图。下面将对子图的布局方法进行详细介绍。

5.4.1　约束布局

约束布局是指通过一系列限制来确定画布中元素的位置的方式，它预先会确定一个元素的绝对定位，之后以该元素的位置为基点对其他元素进行绝对定位，从而灵活地调整元素的位置。

matplotlib 在绘制多子图时默认并未启用约束布局，它提供了两种方式启用约束布局：第一种方式是使用 subplots() 或 figure() 函数的 constrained_layout 参数；第二种方式是修改 figure.constrained_layout.use 配置项。具体内容如下。

（1）使用 constrained_layout 参数

matplotlib 使用 subplots() 或 figure() 函数创建子图或画布时，可以将 constrained_layout 参

数的值设为 True，进而调整子图元素的布局，示例代码如下：

```
plt.subplots(constrained_layout=True)
```

（2）修改 figure.constrained_layout.use 配置项

matplotlib 可以通过 rcParams 字典或 rc() 函数修改 figure.constrained_layout. use 配置项的值为 True，进而调整子图元素的布局，示例代码如下：

```
plt.rcParams['figure.constrained_layout.use'] = True
```

另外，matplotlib 还可以修改以下配置项来调整子图之间的距离。

· figure.constrained_layout.w_pad/ h_pad：表示绘图区域的内边距，默认为 0.04167。

· figure.constrained_layout.wspace/ hspace：表示子图之间的空隙，默认为 0.02。

例如，使用 subplots() 函数绘制 2 行 2 列的带有坐标轴标签的子图，并通过 subplots() 函数的 constrained_layout 参数启动约束布局，解决子图之间标签重叠的问题，具体代码如下。

```
In [10]:
import matplotlib.pyplot as plt
# 绘制子图并启用约束布局
fig, axs = plt.subplots(2, 2, constrained_layout=True)
ax_one = axs[0, 0]
ax_one.set_title('Title')
ax_two = axs[0, 1]
ax_two.set_title('Title')
ax_thr = axs[1, 0]
ax_thr.set_title('Title')
ax_fou = axs[1, 1]
ax_fou.set_title('Title')
plt.show()
```

约束布局调整前与调整后的效果如图 5-15 所示。

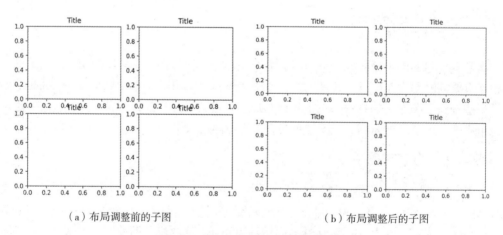

（a）布局调整前的子图   （b）布局调整后的子图

图 5-15   约束布局调整前与调整后的效果

此外，Figure 类对象还可以通过以下方法使用和设置约束布局。

· set_constrained_layout()：设置是否使用约束布局。若该参数设为 None，则说明使用配置文件中 rcParams['figure.constrained_layout.use'] 指定的值。

　·set_constrained_layout_pads()：设置子图的内边距。

　需要注意的是，约束布局仅适用于调整刻度标签、轴标签、标题和图例的位置，而不会调整子图其他元素的位置。因此，使用约束布局后的子图之间仍然会出现图表元素被裁剪或重叠的问题。

5.4.2　紧密布局

　matplotlib 中紧密布局与约束布局相似，它采用紧凑的形式将子图排列到画布中，仅适用于刻度标签、坐标轴标签和标题位置的调整。

　pyplot 中提供了两种实现紧密布局的方式：第一种方式是调用 tight_layout() 函数；第二种方式是修改 figure.autolayoutrcParam 配置项。关于紧密布局的两种实现方式的介绍如下。

　（1）调用 tight_layout() 函数

　matplotlib 在 1.1 版本中引入了 tight_layout() 函数，通过该函数调整子图的内边距及子图的间隙，使子图能适应画布的绘图区域。tight_layout() 函数的语法格式如下：

```
tight_layout(pad=1.08, h_pad=None, w_pad=None, rect=None)
```

　该函数的参数含义如下。

　·pad：表示画布边缘与子图边缘之间的空白区域的大小，默认为 1.08。

　·h_pad，w_pad：表示相邻子图之间的空白区域的大小。

　·rect：表示调整所有子图位置的矩形区域的四元组 (left, bottom, right, top)，默认为 (0, 0, 1, 1)。

　需要注意的是，当 pad 参数设为 0 时，空白区域的文本会出现被裁剪的现象，之所以出现文本部分缺失的情况，可能是因为算法错误或受到算法的限制。因此，官方建议 pad 参数的取值应至少大于 0.3。

　（2）修改 figure.autolayoutrcParam 配置项

　pyplot 可以通过 rcParams 字典或 rc() 函数修改 figure.autolayoutrcParam 配置项的值为 True，使子图元素适应画布，示例代码如下：

```
plt.rcParams['figure.autolayoutrcParam'] = True
```

　例如，使用 subplots() 函数绘制 2 行 2 列的带有坐标轴标签的子图，并通过 tight_layout() 函数解决子图之间标签重叠的问题，代码如下。

```
In [11]:
import matplotlib.pyplot as plt
fig, axs = plt.subplots(2, 2)
ax_one = axs[0, 0]
ax_one.set_title('Title')
ax_two = axs[0, 1]
ax_two.set_title('Title')
ax_thr = axs[1, 0]
ax_thr.set_title('Title')
ax_fou = axs[1, 1]
ax_fou.set_title('Title')
# 调整子图之间的距离
plt.tight_layout(pad=0.4, w_pad=0.5, h_pad=2)
plt.show()
```

　紧密布局调整前与调整后的效果如图 5-16 所示。

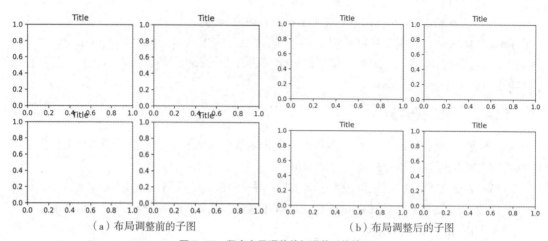

（a）布局调整前的子图　　　　　　　　　　　　（b）布局调整后的子图

图 5-16　紧密布局调整前与调整后的效果

5.4.3　自定义布局

matplotlib 的 gridspec 模块是专门指定画布中子图位置的模块，该模块中包含一个 GridSpec 类，通过显式地创建 GridSpec 类对象来自定义画布中子图的布局结构，使得子图能够更好地适应画布。GridSpec 类的构造方法的语法格式如下：

```
GridSpec(nrows, ncols, figure=None, left=None, bottom=None, right=None,
top=None, wspace=None, hspace=None, width_ratios=None, height_ratios=None)
```

该方法常用参数的含义如下。

· nrows：表示行数。

· ncols：表示列数。

· figure：表示布局的画布。

· left，bottom，right，top：表示子图的范围。

· wspace：表示子图之间预留的宽度量。

· hspace：表示子图之间预留的高度量。

GridSpec 类对象的使用方式与数组的使用方式相似，采用索引或切片的形式访问每个布局元素。此外，matplotlib 中还为 Figure 对象提供了快速添加布局结构的方法 add_gridspec()。下面分别使用两种方式创建自定义的布局结构。

（1）使用 GridSpec() 方法创建子图的布局结构

这种方式需要创建子图和 GridSpec 类对象，之后在调用 add_subplot() 方法时传入 GridSpec 类对象即可，具体示例如下。

```
In [12]:
import matplotlib.pyplot as plt
import matplotlib.gridspec as gridspec
fig2 = plt.figure()
spec2 = gridspec.GridSpec(ncols=2, nrows=2, figure=fig2)
f2_ax1 = fig2.add_subplot(spec2[0, 0])
f2_ax2 = fig2.add_subplot(spec2[0, 1])
f2_ax3 = fig2.add_subplot(spec2[1, 0])
f2_ax4 = fig2.add_subplot(spec2[1, 1])
plt.show()
```

以上示例创建的子图布局如图 5-17 所示。

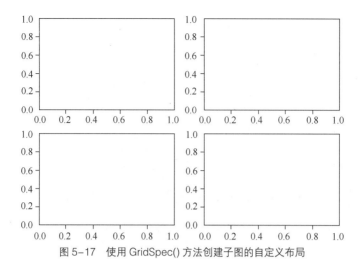

图 5-17　使用 GridSpec() 方法创建子图的自定义布局

（2）使用 add_gridspec() 方法向画布添加布局结构

这种方式需要创建画布和 GridSpec 类对象，之后在调用 add_subplot() 方法添加子图时传入一个 GridSpec 类对象即可，具体示例如下。

```
In [13]:
fig3 = plt.figure()
gs = fig3.add_gridspec(3, 3)
f3_ax1 = fig3.add_subplot(gs[0, :])
f3_ax1.set_title('gs[0, :]')
f3_ax2 = fig3.add_subplot(gs[1, :-1])
f3_ax2.set_title('gs[1, :-1]')
f3_ax3 = fig3.add_subplot(gs[1:, -1])
f3_ax3.set_title('gs[1:, -1]')
f3_ax4 = fig3.add_subplot(gs[-1, 0])
f3_ax4.set_title('gs[-1, 0]')
f3_ax5 = fig3.add_subplot(gs[-1, -2])
f3_ax5.set_title('gs[-1, -2]')
```

以上示例创建的子图布局如图 5-18 所示。

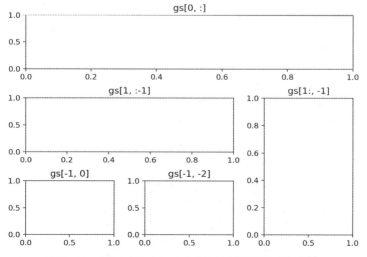

图 5-18　使用 add_gridspec() 方法创建子图的自定义布局

> **注意：**
>
> 使用 subplot2grid() 函数创建的子图默认已经拥有了自定义的布局，例如：

```
ax = plt.subplot2grid((2, 2), (0, 0))
```

等价于：

```
import matplotlib.gridspec as gridspec
gs = gridspec.GridSpec(2, 2)
ax = plt.subplot(gs[0,0])
```

5.4.4 实例 5：2018 年上半年某品牌汽车销售情况

随着人们的生活水平日益提高，汽车已经成为人们出行的代步工具，为人们的生活带来了便利。已知某品牌汽车公司分别在北京、上海、广州、深圳、浙江、山东设立了 6 个分公司，各分公司在 2018 年的销售额十分可观，具体如表 5-5 和表 5-6 所示。

表 5-5 2018 年上半年某品牌汽车的销售额   单位：亿元

月份	销售额
1 月	2150
2 月	1050
3 月	1560
4 月	1480
5 月	1530
6 月	1490

表 5-6 2018 年上半年某品牌汽车各分公司的销量   单位：辆

分公司	销量
北京	83775
上海	62860
广州	59176
深圳	64205
浙江	48671
山东	39968

根据表 5-5 和表 5-6 的数据，使用 3 个子图进行展示：在第 0 行第 0 列的区域中，绘制反映 2018 上半年汽车销售额的柱形图；在第 1 行第 0 列和第 1 行第 1 列的区域中，绘制反映 2018 上半年各分公司汽车销量的折线图和堆积面积图，具体代码如下。

```
In [14]:
# 05_cars_sales
import numpy as np
import matplotlib.pyplot as plt
import matplotlib.gridspec as gridspec
plt.rcParams["font.sans-serif"] = ["SimHei"]
x_month = np.array(['1月', '2月', '3月', '4月', '5月', '6月'])
```

```
y_sales = np.array([2150, 1050, 1560, 1480, 1530, 1490])
x_citys = np.array([' 北京 ', ' 上海 ', ' 广州 ', ' 深圳 ', ' 浙江 ', ' 山东 '])
y_sale_count = np.array([83775, 62860, 59176, 64205, 48671, 39968])
# 创建画布和布局
fig = plt.figure(constrained_layout=True)
gs = fig.add_gridspec(2, 2)
ax_one = fig.add_subplot(gs[0, :])
ax_two = fig.add_subplot(gs[1, 0])
ax_thr = fig.add_subplot(gs[1, 1])
# 第 1 个子图
ax_one.bar(x_month, y_sales, width=0.5, color='#3299CC')
ax_one.set_title('2018 年上半年某品牌汽车的销售额 ')
ax_one.set_ylabel(' 销售额（亿元）')
# 第 2 个子图
ax_two.plot(x_citys, y_sale_count, 'm--o', ms=8)
ax_two.set_title(' 分公司某品牌汽车的销量 ')
ax_two.set_ylabel(' 销量（辆）')
# 第 3 个子图
ax_thr.stackplot(x_citys, y_sale_count, color='#9999FF')
ax_thr.set_title(' 分公司某品牌汽车的销量 ')
ax_thr.set_ylabel(' 销量（辆）')
plt.show()
```

运行程序，效果如图 5-19 所示。

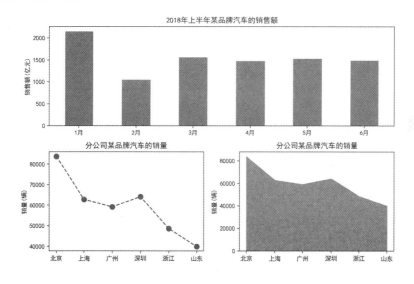

图 5-19　2018 年上半年某品牌汽车的销售情况

　　图 5-19 中共有 3 个图表，位于最上方的图表描述了 2018 年上半年某品牌汽车的销售额，位于左下方和右下方的图表都描述了分公司某品牌汽车的销量。由图 5-19 可知，1 月份的销售额最高，北京分公司汽车的总销量最多。

5.5　本章小结

　　本章主要对子图的相关内容进行了介绍，首先介绍了子图的绘制，包括绘制固定区域和绘制自定义区域的子图；然后介绍了子图坐标轴的共享；最后介绍了子图的布局。通过学习本章的内容，希望读者能了解子图的作用，并可以熟练地规划子图的布局。

5.6 习题

一、填空题

1. matplotlib 可以将整个画布规划成_____ $m×n$（行 × 列）的矩阵区域。
2. matplotlib 使用 subplots() 绘制多子图时可以通过_____参数控制是否共享 x 轴。
3. _____是通过一系列限制来确定画布中元素的位置的方式。
4. matplotlib 的_____是专门指定画布中子图位置的模块。

二、判断题

1. subplot(223) 与 subplot(2, 2, 3) 是等价的。（   ）
2. matplotlib 使用 subplot() 可以一次绘制多个子图。（   ）
3. 同一画布的多个子图可以共享同方向的坐标轴。（   ）
4. matplotlib 默认未启用约束布局。（   ）
5. 紧凑布局适用于图表的所有元素，可以调整所有元素的位置。（   ）

三、选择题

1. 下列函数中，可以一次绘制多个子图的是（   ）。

   A. subplot()   B. subplot2grid()   C. twinx()   D. subplots()

2. 请阅读下面一段程序：

```
%matplotlib auto
import matplotlib.pyplot as plt
ax_one = plt.subplot(223)
ax_one.plot([1, 2, 3, 4, 5])
plt.show()
```

运行程序，效果为（   ）。

A.

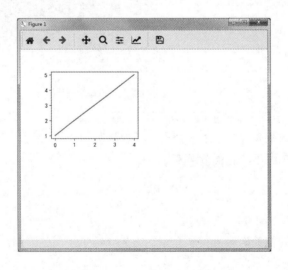

B.

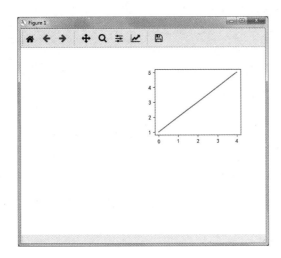

C.

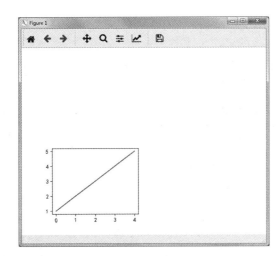

D.

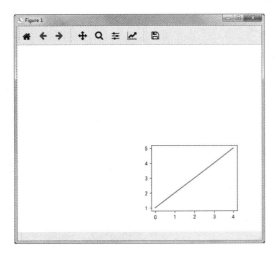

3. 请阅读下面一段程序：

```
import matplotlib.pyplot as plt
plt.subplots(2, 2, sharex=_____)
plt.show()
```

以上程序的横线处填充以下哪个取值，可以共享每列子图的坐标轴？（   ）

A. 'col'   B. 'row'   C. 'all'   D. 'none'

4. 下列选项中，可以实现紧密布局的是（   ）。

A. twinx()   B. constrained_layout()

C. tight_layout()   D. GridSpec()

5. 当 matplotlib 使用 GridSpec() 自定义布局结构时，可以通过（   ）参数控制子图的间隙。

A. nrows   B. ncols   C. figure   D. wspace

四、编程题

1. 请简述 subplot()、subplots() 和 subplot2grid() 函数的区别。

2. 什么是约束布局？

五、编程题

1. 按照如下要求绘制图表：

（1）画布被规划为 2×3 的矩阵区域；

（2）在编号为 3 的区域中绘制包含一条正弦曲线的子图；

（3）在编号为 6 的区域中绘制包含一条余弦曲线的子图；

（4）共享两个子图的 x 轴。

2. 按照自定义的布局结构绘制子图，具体如图 5-20 所示。

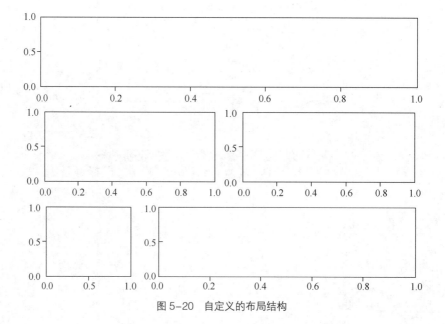

图 5-20　自定义的布局结构

P ython 数据可视化

第 6 章

坐标轴的定制

学习目标

★熟悉坐标轴，并可获取坐标轴的各部分

★掌握坐标轴的创建方式，可以向画布的任意位置添加坐标轴

★掌握刻度位置、格式、样式的定制方式

★熟悉轴脊的定制方式，可以隐藏坐标轴的全部或部分轴脊

★掌握轴脊位置的修改方式

前文中使用的坐标轴会因位置和大小的限制、样式的固定而显得图表既单一又不够灵活。matplotlib 中提供了定制坐标轴的高级知识，包括添加坐标轴、定制坐标轴的刻度、隐藏坐标轴的轴脊、修改轴脊的位置等，便于用户灵活地操作坐标轴，使坐标轴能很好地配合图表。下面将详细介绍定制坐标轴的内容。

6.1　坐标轴概述

在绘制图表的过程中，matplotlib 会根据所绘图表的类型决定是否使用坐标系，或者显示哪种类型的坐标系。例如，饼图无坐标系，雷达图需使用极坐标系，折线图需使用直角坐标系等。其中，直角坐标系经常被使用。matplotlib 中的直角坐标系由两条水平坐标轴、两条垂直坐标轴以及围成的绘图区域构成，以限制图形显示的区域，其左侧和下方的坐标轴（叫作 y 轴和 x 轴）经常被使用，其他坐标轴很少被使用。

坐标轴的结构相同，主要包括轴脊、刻度，其中刻度又可以细分为刻度线和刻度标签，刻度线又可以细分为主刻度线和次刻度线。坐标轴的各部分均是 matplotlib 类的对象：坐标轴是 axis.Axis 类的对象；轴脊是 spines.Spine 类的对象；刻度是 axis.Ticker 类的对象。此外，常用的 x 轴是一个 axis.Xaxis 类的对象，y 轴是一个 axis.Yaxis 类的对象。如前所述的所有类的对象均包含于 Axes 类对象中，可通过 Axes 类的一些属性分别获取，关于这些属性的介绍如下。

· xaxis：获取 x 轴。

· yaxis：获取 y 轴。

· spines：获取包含全部轴脊的字典。

访问 spines 属性后会返回一个 OrderedDict 类的对象。OrderedDict 类是 dict 的子类，它可以维护添加到字典中的键值对的顺序。例如，获取某坐标轴的全部轴脊，代码如下。

```
print(ax.spines)
```

程序运行的结果如下。

```
OrderedDict([
    ('left', <matplotlib.spines.Spine object at 0x0000000007F0F860>),
    ('right', <matplotlib.spines.Spine object at 0x0000000007F0FCF8>),
    ('bottom', <matplotlib.spines.Spine object at 0x0000000007F0F6D8>),
    ('top', <matplotlib.spines.Spine object at 0x0000000007EFB6D8>)])
```

从以上输出的字典可知，字典中有 4 个包含 Spine 类对象的元组，它以元组的第一个元素为键，使用 'left'、'right'、'bottom'、'top' 分别可获取位于坐标轴左侧、右侧、下方和上方的 Spine 类对象。

6.2　向任意位置添加坐标轴

matplotlib 支持向画布的任意位置添加自定义大小的坐标系统，同时显示坐标轴，而不再受规划区域的限制。pyplot 模块可以使用 axes() 函数创建一个 Axes 类的对象，并将 Axes 类的对象添加到当前画布中。axes() 函数的语法格式如下：

```
axes(arg=None, projection=None, polar=False, aspect, frame_on, **kwargs)
```

该函数常用参数的含义如下。

（1）参数 arg 支持 None、4-tuple 中任一取值，每种取值的含义如下。

·None：表示使用 subplot(111) 添加的与画布同等大小的 Axes 对象。

·4-tuple：由 4 个浮点型元素（取值范围为 0 ~ 1）组成的元组 (left, bottom, width, height)，前两个元素 left 和 bottom 分别表示坐标轴左侧和底部的边缘到画布的相对距离，用于确定坐标轴的位置；后两个元素 width 和 height 分别表示坐标轴的宽度和高度，用于确定坐标轴的相对大小。

（2）参数 projection 表示坐标轴的类型，可以是 None、'aitoff'、'hammer'、'lambert'、'mollweide'、'polar' 或 'rectilinear' 中的任一取值，也可以使用自定义的类型。

（3）参数 polar 表示是否使用极坐标，若设为 True，则其作用等价于 projection='polar'。

（4）参数 aspect 表示坐标轴缩放的比例，可接收 'auto'、'equal'、num 中任一取值。

（5）参数 frame_on 表示是否绘制每个坐标轴的轴脊。

例如，在距当前画布左侧 0.2、画布底部 0.5 的位置上添加一个宽度为 0.3、高度为 0.3 的坐标系；在距画布左侧 0.6、画布底部 0.4 的位置上添加一个宽度为 0.2、高度为 0.2 的坐标系，具体代码如下。

```
In [1]:
import matplotlib.pyplot as plt
ax = plt.axes((0.2, 0.5, 0.3, 0.3))
ax.plot([1, 2, 3, 4, 5])
ax2 = plt.axes((0.6, 0.4, 0.2, 0.2))
ax2.plot([1, 2, 3, 4, 5])
plt.show()
```

运行程序，效果如图 6-1 所示。

从图 6-1 中可以看出，坐标系的位置和大小都是自定义的。

除此之外，还可以使用 Figure 类对象的 add_axes() 方法在当前画布的任意位置添加 Axes 类对象。

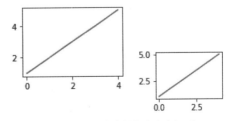

图 6-1　在画布中添加多个坐标系

6.3　定制刻度

6.3.1　定制刻度的位置和格式

在 matplotlib 中，刻度线分为主刻度线和次刻度线，次刻度线默认是隐藏的。matplotlib.ticker 模块中提供了两个类：Locator 和 Formatter，分别代表刻度定位器和刻度格式器，用于指定刻度线的位置和刻度标签的格式。下面分别介绍刻度定位器和刻度格式器，以及它们的用法。

1. 刻度定位器

Locator 是刻度定位器的基类，它派生了很多子类，可以自动调整刻度的间隔、选择刻度的位置。Locator 的常见子类如表 6-1 所示。

表 6-1　Locator 的常见子类

类	说明
AutoLocator	自动定位器，由系统自动选择合适的刻度位置
MaxNLocator	最大值定位器，根据指定的间隔数量选择刻度位置
LinearLocator	线性定位器，根据指定的刻度数量选择刻度位置
LogLocator	对数定位器，根据指定的底数和指数选择刻度位置
MultipleLocator	多点定位器，根据指定的距离选择刻度位置
FixedLocator	定点定位器，根据参数选择刻度位置
IndexLocator	索引定位器，根据偏移和增量选择刻度位置
NullLocator	空定位器，没有任何刻度

除此之外，matplotlib.dates 模块中还提供了很多与日期时间相关的定位器，如表 6-2 所示。

表 6-2　与日期时间相关的 Locator 的常见子类

类	说明
MicrosecondLocator	以微秒为单位定位刻度
SecondLocator	以秒为单位定位刻度
MinuteLocator	以分钟为单位定位刻度
HourLocator	以小时为单位定位刻度
DayLocator	以每月的指定日期为单位定位刻度
WeekdayLocator	以周日期为单位定位刻度
MonthLocator	以月为单位定位刻度
YearLocator	以年为单位定位刻度

表 6-1 和表 6-2 列举了多个 matplotlib 内置的刻度定位器，供开发人员根据需求进行选择。此外，matplotlib 也支持自定义刻度定位器，只需要定义一个 Locator 的子类，并在该子类中重写 __call__() 方法即可。

以 HourLocator 为例，HourLocator 类的构造方法的语法格式如下所示：

```
HourLocator(byhour=None, interval=1, tz=None)
```

该方法的参数 interval 表示每次迭代之间的间隔，tz 表示时区。

例如，创建一个 HourLocator 定位器，代码如下。

```
hour_loc = HourLocator(interval=2)
```

使用 matplotlib 的 set_major_locator() 或 set_minor_locator() 方法设置坐标轴的主刻度或次刻度的定位器。例如，将 hour_loc 设为 x 轴的主刻度定位器，代码如下。

```
ax.xaxis.set_major_locator(hour_loc)
```

2. 刻度格式器

Formatter 是刻度格式器的基类，它派生了很多子类，可以自动调整刻度标签的格式。Formatter 的常见子类如表 6-3 所示。

表 6-3 Formatter 的常见子类

类	说明
NullFormatter	空格式器
IndexFormatter	索引格式器
FixedFormatter	定点格式器
FuncFormatter	函数格式器
StrMethodFormatter	字符串方法格式器
FormatStrFormatter	格式字符串格式器
ScalarFormatter	标量格式器
LogFormatter	日志格式器
LogFormatterExponent	日志指数格式器
LogFormatterMathtext	日志数学公式格式器
LogFormatterSciNotation	日志科学符号格式器
LogitFormatter	概率格式器
EngFormatter	工程符号格式器
PercentFormatter	百分比格式器

除此之外，matplotlib.dates 模块中还提供了很多与日期时间相关的格式器，如表 6-4 所示。

表 6-4 与日期时间相关的 Formatter 的常见子类

类	说明
AutoDateFormatter	自动日期格式器，默认格式为 '%Y-%m-%d'
ConciseDateFormatter	简明日期格式器
DateFormatter	日期格式器
IndexDateFormatter	索引日期格式器

表 6-3 和表 6-4 列举了多个 matplotlib 内置的刻度格式器，供开发人员根据需求进行选择。此外，matplotlib 也支持自定义刻度格式器，只需要定义一个 Formatter 的子类，并在该子类

中重写 __call__() 方法即可。

以 DateFormatter 类为例，DateFormatter 类的构造方法的语法格式如下所示：

```
DateFormatter(fmt, tz=None)
```

该方法的参数 fmt 表示格式字符串，使用 "%" 格式化刻度标签；tz 表示时区信息。例如，创建一个 DateFormatter 格式器，代码如下。

```
date_fmt = DateFormatter('%Y/%m/%d')
```

使用 matplotlib 的 set_major_formatter() 或 set_minor_formatter() 方法设置坐标轴的主刻度或次刻度的格式器。例如，将 date_fmt 设为 x 轴的主刻度格式器，代码如下。

```
ax.xaxis.set_major_formatter(date_fmt)
```

此时 x 轴的刻度标签如图 6-2 所示。

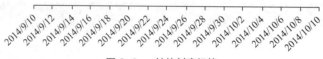

图 6-2　x 轴的刻度标签

6.3.2　定制刻度的样式

在 matplotlib 中，坐标轴的刻度有着固定的样式，例如，刻度线的方向是朝外的，刻度线的颜色是黑色等。pyplot 中可以使用 tick_params() 函数定制刻度的样式。tick_params() 函数的语法格式如下：

```
tick_params(axis='both', **kwargs)
```

该函数的常用参数的含义如下。

· axis：表示选择操作的轴，可以取值为 'x'、'y' 或 'both'，默认为 'both'。

· reset：若设为 True，表示在处理其他参数之前均使用参数的默认值。

· which：表示刻度的类型，可以取值为 'major'、'minor' 或 'both'，默认为 'major'。

· direction：表示刻度线的方向，可以取值为 'in'、'out' 或 'inout'。

· length：表示刻度线的长度。

· width：表示刻度线的宽度。

· color：表示刻度线的颜色。

· pad：表示刻度线与刻度标签的距离。

· labelsize：表示刻度标签的字体大小。

· labelcolor：表示刻度标签的颜色。

· bottom，top，left，right：表示是否显示下方、上方、左侧、右侧的刻度线。

· labelbottom, labeltop, labelleft, labelright：表示是否显示下方、上方、左侧、右侧的刻度标签。

· labelrotation：表示刻度标签旋转的角度。

例如，对坐标轴的刻度样式进行部分调整：方向为朝外，长度为 6，宽度为 2，颜色为红色，代码如下。

```
plt.tick_params(direction='out', length=6, width=2, colors='r')
```

运行程序，效果如图 6-3 所示。

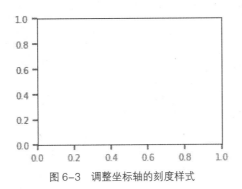

图 6-3　调整坐标轴的刻度样式

此外，还可以使用 Axes 类对象的 tick_params() 方法或 Axis 类的 set_tick_params() 方法定制刻度的样式。

6.3.3　实例 1：深圳市 24 小时的平均风速

已知深圳市天文台从 10 月 24 日上午 0 时到 25 日上午 0 时对天气情况进行了监测，并对这 24 小时内的平均风速进行了统计，统计的结果如表 6-5 所示。

表 6-5　深圳市 24 小时的平均风速　　　　　　　　　　单位：km/h

时间	风速
00:00	7
02:00	9
04:00	11
06:00	14
08:00	8
10:00	15
12:00	22
14:00	11
16:00	10
18:00	11
20:00	11
22:00	13
00:00	8

根据表 6-5 的数据，将"时间"一列的数据作为 x 轴的刻度标签，将"风速（km/h）"一列的数据作为 y 轴的数据，使用 plot() 方法绘制反映深圳市 24 小时的平均风速的折线图，具体代码如下。

```
In [2]:
# 01_average_wind_speed_in_shenzhen
import numpy as np
from datetime import datetime
import matplotlib.pyplot as plt
from matplotlib.dates import DateFormatter, HourLocator
plt.rcParams["font.sans-serif"] = ["SimHei"]
plt.rcParams["axes.unicode_minus"] = False
dates = ['201910240','2019102402','2019102404','2019102406',
        '2019102408','2019102410','2019102412', '2019102414',
        '2019102416','2019102418','2019102420','2019102422','201910250']
x_date = [datetime.strptime(d, '%Y%m%d%H') for d in dates]
y_data = np.array([7, 9, 11, 14, 8, 15, 22, 11, 10, 11, 11, 13, 8])
fig = plt.figure()
ax = fig.add_axes((0.0, 0.0, 1.0, 1.0))
ax.plot(x_date, y_data, '->', ms=8, mfc='#FF9900')
ax.set_title('深圳市 24 小时的平均风速 ')
ax.set_xlabel(' 时间 ')
ax.set_ylabel(' 平均风速 (km/h)')
# 设置 x 轴主刻度的位置和格式
date_fmt = DateFormatter('%H:%M')
ax.xaxis.set_major_formatter(date_fmt)
ax.xaxis.set_major_locator(HourLocator(interval=2))
ax.tick_params(direction='in', length=6, width=2, labelsize=12)
ax.xaxis.set_tick_params(labelrotation=45)
plt.show()
```

运行程序，效果如图 6-4 所示。

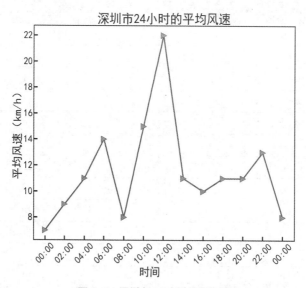

图 6-4   深圳市 24 小时的平均风速

图 6-4 中，x 轴代表以两小时为间隔的时间，y 轴代表平均风速。由图 6-4 可知，中午
12 点的风速最强，约为 22km/h，0 点的风速最弱，约为 8km/h。

6.4　隐藏轴脊

坐标轴一般将轴脊作为刻度的载体，在轴脊上显示刻度标签和刻度线。matplotlib 中的坐标系默认有 4 个轴脊，分别是上轴脊、下轴脊、左轴脊和右轴脊，其中上轴脊和右轴脊并不经常使用，大多数情况下可以将上轴脊和右轴脊隐藏。matplotlib 中提供了隐藏全部轴脊或部分轴脊的方法。下面对轴脊的隐藏进行详细介绍。

6.4.1　隐藏全部轴脊

使用 pyplot 的 axis() 函数可以设置或获取一些坐标轴的属性，包括显示或隐藏坐标轴的轴脊。axis() 函数的语法格式如下所示：

```
axis(option, *args, **kwargs)
```

该函数的参数 option 可以接收布尔值或字符串。其中，布尔值 True 表示显示轴脊和刻度，False 表示隐藏轴脊和刻度。字符串通常可以是以下任一取值：

- 'on'：显示轴脊和刻度，等同于 True。
- 'off'：隐藏轴脊和刻度，等同于 False。
- 'equal'：通过更改轴限设置等比例。
- 'scaled'：通过更改绘图框的尺寸设置等比例。
- 'tight'：设置足够大的限制以显示所有的数据。
- 'auto'：自动缩放。

此外，Axes 类的对象也可以使用 axis() 方法隐藏坐标轴的轴脊。

例如，绘制一个六边形且隐藏全部的轴脊，具体代码如下。

```
In [3]:
import numpy as np
import matplotlib.pyplot as plt
import matplotlib.patches as mpathes
polygon = mpathes.RegularPolygon((0.5, 0.5), 6, 0.2, color='g')
ax = plt.axes((0.3, 0.3, 0.5, 0.5))
ax.add_patch(polygon)
# 隐藏全部轴脊
ax.axis('off')
plt.show()
```

运行程序，效果如图 6-5 所示。

图 6-5　隐藏坐标轴的全部轴脊

> **多学一招：patches模块**
>
> matplotlib.patches 是专门用于绘制路径和形状的模块，该模块中包含一些表示形状（例如

箭头、圆形、长方形等）的类，通过创建这些类的对象可以快速绘制常见的形状。matplotlib 中常见的形状类如表 6-6 所示。

表 6-6　matplotlib 中常见的形状类

类	说明
Arrow	箭头
Circle	圆形
RegularPolygon	正多边形
Rectangle	矩形
Ellipse	椭圆形

表 6-6 中列举的所有类都提供了与类同名的构造方法。以创建正多边形为例，RegularPolygon 类的构造方法的语法格式如下所示：

```
RegularPolygon(xy, numVertices, radius=5, orientation=0, **kwargs)
```

该方法常用参数的含义如下。

- xy：表示中心点的元组 (x,y)。
- numVertices：表示多边形顶点的数量。
- radius：表示从中心点到每个顶点的距离。
- orientation：表示多边形旋转的角度（以弧度为单位）。

例如，通过 RegularPolygon() 方法创建一个黄色的正五边形，代码如下。

```
polygon = mpathes.RegularPolygon((0.5, 0.5), numVertices=5,
                                 radius=0.3, color='y')
```

之后，通过 Axes 对象的 add_patch() 方法将正五边形 polygon 添加到画布中，代码如下。

```
ax = plt.axes([0.3, 0.3, 0.5, 0.5])
ax.add_patch(polygon)
```

6.4.2　隐藏部分轴脊

matplotlib 可以只隐藏坐标轴的部分轴脊，只需要访问 spines 属性获取相应的轴脊，之后调用 set_color() 方法将轴脊的颜色设为 none 即可，示例代码如下。

```
In [4]:
import numpy as np
import matplotlib.pyplot as plt
import matplotlib.patches as mpathes
xy = np.array([0.5,0.5])
polygon = mpathes.RegularPolygon(xy, 5, 0.2,color='y')
ax = plt.axes((0.3, 0.3, 0.5, 0.5))
ax.add_patch(polygon)
# 依次隐藏上轴脊、左轴脊和右轴脊
ax.spines['top'].set_color('none')
ax.spines['left'].set_color('none')
ax.spines['right'].set_color('none')
plt.show()
```

运行程序，效果如图 6-6 所示。

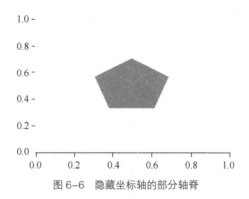

图 6-6　隐藏坐标轴的部分轴脊

从图 6-6 中可以看出，图表只隐藏了坐标轴的部分轴脊而没有隐藏轴脊上的刻度。

为了解决上述问题，matplotlib 可以通过 set_ticks_position() 方法设置刻度线的颜色为 'none'，通过 set_yticklabels() 方法设置刻度标签为空列表。在上述示例调用 show() 函数的代码之前插入如下代码：

```
ax.yaxis.set_ticks_position('none')
ax.set_yticklabels([])
```

再次运行程序，效果如图 6-7 所示。

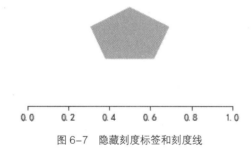

图 6-7　隐藏刻度标签和刻度线

6.4.3　实例 2：深圳市 24 小时的平均风速（隐藏部分轴脊）

在 6.3.3 节的实例中，折线图显示了全部的轴脊，但右轴脊和上轴脊并未起到任何作用。本实例将折线图的右轴脊和上轴脊隐藏，具体代码如下。

```
In [5]:
# 02_average_wind_speed_in_shenzhen(2)
import numpy as np
from datetime import datetime
import matplotlib.pyplot as plt
from matplotlib.dates import  DateFormatter, HourLocator
plt.rcParams["font.sans-serif"] = ["SimHei"]
plt.rcParams["axes.unicode_minus"] = False
dates = ['201910240','2019102402','2019102404','2019102406',
```

```
            '2019102408','2019102410','2019102412', '2019102414',
            '2019102416','2019102418','2019102420','2019102422','201910250']
x_date = [datetime.strptime(d, '%Y%m%d%H') for d in dates]
y_data = np.array([7, 9, 11, 14, 8, 15, 22, 11, 10, 11, 11, 13, 8])
fig = plt.figure()
ax = fig.add_axes((0.0, 0.0, 1.0, 1.0))
ax.plot(x_date, y_data, '->', ms=8, mfc='#FF9900')
ax.set_title(' 深圳市 24 小时的平均风速 ')
ax.set_xlabel(' 时间 ')
ax.set_ylabel(' 平均风速 (km/h)')
date_fmt = DateFormatter('%H:%M')
ax.xaxis.set_major_formatter(date_fmt)
ax.xaxis.set_major_locator(HourLocator(interval=2))
ax.tick_params(direction='in', length=6, width=2, labelsize=12)
ax.xaxis.set_tick_params(labelrotation=45)
# 隐藏上轴脊和右轴脊
ax.spines['top'].set_color('none')
ax.spines['right'].set_color('none')
plt.show()
```

运行程序，效果如图 6-8 所示。

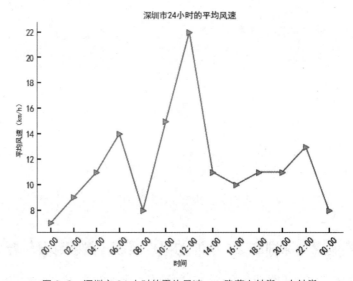

图 6-8　深圳市 24 小时的平均风速——隐藏上轴脊、右轴脊

6.5　移动轴脊

6.5.1　移动轴脊的位置

在 matplotlib 中，Spine 类提供了一个设置轴脊位置的 set_position() 方法。set_position() 方法的语法格式如下所示：

```
set_position(self, position)
```

该方法的 position 参数表示轴脊的位置，它需要接收一个包含两个元素的元组 (position_type, amount)，其中元素 position_type 代表位置的类型，元素 amount 代表位置。position_type 支持以下任一取值。

· 'outward'：表示将轴脊置于移出数据区域指定点数的位置。

· 'axes'：表示将轴脊置于指定的坐标系中（0.0 ~ 1.0）。

· 'data'：表示将轴脊置于指定的数据坐标的位置。

此外，position 参数还支持以下两个特殊的轴脊位置：

· 'center'：值为 ('axes',0.5)。

· 'zero'：值为 ('data', 0.0)。

例如，将画布中轴脊的位置移动到中心位置，具体代码如下。

```
In [6]:
import numpy as np
import matplotlib.pyplot as plt
import matplotlib.patches as mpathes
xy = np.array([0.5,0.5])
polygon = mpathes.RegularPolygon(xy, 5, 0.2,color='y')
ax = plt.axes((0.3, 0.3, 0.5, 0.5))
ax.add_patch(polygon)
# 隐藏上轴脊和右轴脊
ax.spines['top'].set_color('none')
ax.spines['right'].set_color('none')
# 移动轴脊的位置
ax.spines['left'].set_position(('data', 0.5))
ax.spines['bottom'].set_position(('data', 0.5))
plt.show()
```

运行程序，效果如图 6-9 所示。

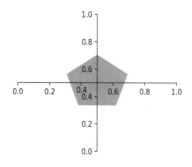

图 6-9　移动轴脊至画布的中心位置

6.5.2　实例 3：正弦与余弦曲线

正弦曲线和余弦曲线都属于周期性波浪线，它们在一个 2π 周期内重复出现。下面以 numpy 生成的 100 个位于 $-2 * np.pi$ 和 $2 * np.pi$ 之间的等差数列为例，分别求等差数列中各个数值的正弦值和余弦值，并根据这些正弦值和余弦值绘制曲线，具体代码如下。

```
In [7]:
# 03_sin_and_cos
import numpy as np
import matplotlib.pyplot as plt
plt.rcParams["font.sans-serif"] = ["SimHei"]
plt.rcParams["axes.unicode_minus"] = False
x_data = np.linspace(-2 * np.pi, 2 * np.pi, 100)
y_one = np.sin(x_data)
y_two = np.cos(x_data)
fig = plt.figure()
ax = fig.add_axes((0.2, 0.2, 0.7, 0.7))
ax.plot(x_data, y_one, label=' 正弦曲线 ')
ax.plot(x_data, y_two, label=' 余弦曲线 ')
ax.legend()
ax.set_xlim(-2 * np.pi, 2 * np.pi)
ax.set_xticks([-2 * np.pi, -3 * np.pi / 2, -1 * np.pi, -1 * np.pi / 2,
               0, np.pi / 2, np.pi, 3 * np.pi / 2, 2 * np.pi])
ax.set_xticklabels(['$-2\pi$', '$-3\pi/2$', '$-\pi$', '$-\pi/2$', '$0$',
                    '$\pi/2$', '$\pi$', '$3\pi/2$', '$2\pi$'])
ax.set_yticks([-1.0, -0.5, 0.0, 0.5, 1.0])
ax.set_yticklabels([-1.0, -0.5, 0.0, 0.5, 1.0])
# 隐藏右轴脊和上轴脊
ax.spines['right'].set_color('none')
ax.spines['top'].set_color('none')
# 移动左轴脊和下轴脊的位置
ax.spines['left'].set_position(('data', 0))
ax.spines['bottom'].set_position(('data', 0))
plt.show()
```

运行程序，效果如图 6-10 所示。

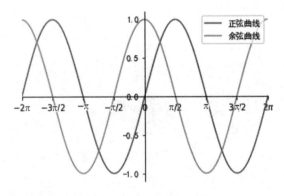

图 6-10　正弦曲线和余弦曲线

在图 6-10 中，垂直坐标轴与水平坐标轴均移动到值为 0 的位置。

6.6　本章小结

本章主要介绍了坐标轴的定制，包括向任意位置添加坐标轴、定制刻度、隐藏坐标轴的轴脊和移动轴脊。通过学习本章的内容，希望读者掌握坐标轴的定制方法，从而使坐标轴更好地服务于图表。

6.7 习题

一、填空题

1. 坐标轴包括轴脊、刻度，其中刻度线可以细分为_____和次刻度线。

2. 坐标轴一般将_____作为刻度的载体。

3. pyplot 可以使用_____函数显示或隐藏坐标轴的全部轴脊。

二、判断题

1. matplotlib 的坐标轴默认隐藏次刻度线。（　　）

2. matplotlib 可以使用 Formatter 的子类调整刻度的位置。（　　）

3. matplotlib 中刻度线的方向只能朝外。（　　）

三、选择题

1. 下列选项中，可以获取坐标轴全部轴脊的是（　　）。

    A. xaxis   B. yaxis   C. spines   D. ticks

2. 下列方法中，用于设置主刻度标签格式的是（　　）。

    A. set_major_locator()   B. set_minor_locator()

    C. set_major_formatter()   D. set_minor_formatter()

3. 请阅读下面一段代码：

```
line_loc = LinearLocator(numticks=3)
ax.xaxis.set_major_locator(line_loc)
```

下列哪个选项最有可能是 x 轴的效果？（　　）

    A.

    B.

    C.

    D.

4. 下列选项中，可以隐藏坐标轴上轴脊的是（　　）。

    A.

```
ax.spines['top'].set_color('none')
```

B.

```
ax.spines['right'].set_color('none')
```

C.

```
ax.spines['bottom'].set_color('none')
```

D.

```
ax.spines['left'].set_color('none')
```

5. 下列方法中，用于移动轴脊位置的是（　　　　）。

A. set_color()　　　　　　　　　　　　B. set_position()

C. set_ticks_position()　　　　　　　D. set_yticklabels()

四、简答题

请简述刻度定位器和刻度格式器的作用。

五、编程题

已知某股票一周内收盘价如表 6-7 所示。

表 6-7　某股票一周的收盘价　　　　　　　　　　　　　　单位：元

周日期	收盘价
周一	44.98
周二	45.02
周三	44.32
周四	41.05
周五	42.08
周六	—
周日	—

根据表 6-7 的数据绘制一个折线图，具体要求如下。

（1）在距画布顶部 0.2、左侧 0.2 的位置上添加一个宽度为 0.5、高度为 0.5 的绘图区域。

（2）x 轴的刻度标签为周日期。

（3）刻度线样式调整：方向朝内，宽度为 2。

（4）隐藏坐标轴的上轴脊、右轴脊。

P
ython 数据可视化

第 7 章

绘制 3D 图表和统计地图

学习目标

★掌握 mplot3d 工具包的用法，可熟练地使用 mplot3d 绘制常见的 3D 图表

★掌握 animation 模块的用法，可熟练地使用 animation 制作动画

★掌握 basemap 工具包的用法，可熟练地使用 basemap 绘制统计地图

matplotlib 不仅专注于二维图表的绘制，也具有绘制 3D 图表、统计地图的功能，并将这些功能分别封装到工具包 mpl_toolkits.mplot3d、mpl_toolkits.base map 中，另外可以结合 animation 模块给图表添加动画效果。下面将对 mplot3d 工具包、animation 模块和 basemap 工具包的相关内容进行详细介绍。

7.1　使用 mplot3d 绘制 3D 图表

7.1.1　mplot3d 概述

mplot3d 是 matplotlib 中专门绘制 3D 图表的工具包，它主要包含一个继承自 Axes 的子类 Axes3D，使用 Axes3D 类可以构建一个三维坐标系的绘图区域。matpl otlib 可以通过两种方式创建 Axes3D 类的对象：一种方式是 Axes3D() 方法，另一种方式是 add_subplot() 方法，具体介绍如下。

1. Axes3D() 方法

Axes3D() 是构造方法，它直接用于构建一个 Axes3D 类的对象，Axes3D() 方法的语法格式如下所示：

```
Axes3D(fig, rect=None, *args, azim=-60, elev=30, zscale=None,
        sharez=None, proj_type='persp', **kwargs)
```

该方法的参数 fig 表示所属画布，rect 表示确定三维坐标系位置的元组。

创建 Axes3D 类对象的示例代码如下：

```
import matplotlib.pyplot as plt
from mpl_toolkits.mplot3d import Axes3D
fig = plt.figure()
ax = Axes3D(fig)
```

2. add_subplot() 方法

在调用 add_subplot() 方法添加绘图区域时为该方法传入 projection='3d'，即指定坐标系的类型为三维坐标系，返回一个 Axes3D 类的对象。

创建 Axes3D 类对象的示例代码如下：

```
import matplotlib.pyplot as plt
from mpl_toolkits.mplot3d import Axes3D
fig = plt.figure()
ax = fig.add_subplot(111, projection='3d')
```

需要注意的是，官方推荐使用第 2 种方式创建 Axes3D 类的对象。

Axes3D 类中提供了一些用于设置标题和坐标轴的方法，Axes3D 类的常用方法及其说明如表 7-1 所示。

表 7-1　Axes3D 类的常用方法及其说明

方法	说明
set_title()	设置标题
set_xlim()	设置 x 轴的刻度范围
set_ylim()	设置 y 轴的刻度范围
set_zlim()	设置 z 轴的刻度范围
set_zlabel()	设置 z 轴的标签
set_zticklabels()	设置 z 轴的刻度标签

7.1.2　绘制常见的 3D 图表

常见的 3D 图表包括 3D 线框图、3D 曲面图、3D 柱形图、3D 散点图等。Axes3D 类中提供了一些绘制常见 3D 图表的方法，关于这些方法的说明如表 7-2 所示。

表 7-2　Axes3D 类的常用绘图方法及其说明

方法	说明
plot()	绘制 3D 线图
plot_wireframe()	绘制 3D 线框图
plot_surface()	绘制 3D 曲面图
bar()	绘制 2D 柱形图
bar3d()	绘制 3D 柱形图
scatter()	绘图 2D 散点图
scatter3D()	绘图 3D 散点图
plot_trisurf()	绘制三面图
contour3D()	绘制 3D 等高线图
contourf3D()	绘制 3D 填充等高线图

下面以 3D 线框图和 3D 曲面图为例，演示如何使用 plot_wireframe() 和 plot_surface() 绘制 3D 线框图和 3D 曲面图。

1. 绘制 3D 线框图

Axes3D 类的对象使用 plot_wireframe() 方法绘制线框图，plot_wireframe() 方法的语法格式如下所示：

```
plot_wireframe(self, X, Y, Z, *args, **kwargs)
```

该方法常用参数的含义如下。

·X，Y，Z：表示 x、y、z 轴的数据。

·rcount，ccount：表示每个坐标轴方向所使用的最大样本量，默认为 50。若输入的样本量更大，则会采用降采样的方式减少样本的数量；若输入的样本量为 0，则不会对相应坐标轴方向的数据进行采样。

· rstride，cstride：表示采样的密度。若仅使用参数 rstride 或 cstride 中任意一个，则另一个参数默认为 0。

需要注意的是，参数 rstride、cstride 与参数 rcount、ccount 是互斥关系，它们不能同时被使用。

绘制 3D 线框图的示例代码如下。

```
In [1]:
import matplotlib.pyplot as plt
from mpl_toolkits.mplot3d import axes3d
fig = plt.figure()
ax = fig.add_subplot(111, projection='3d')
# 获取测试数据
X, Y, Z = axes3d.get_test_data(0.05)
# 绘制 3D 线框图
ax.plot_wireframe(X, Y, Z, rstride=10, cstride=10)
plt.show()
```

以上代码首先导入了 pyplot、axes3d 模块，其次创建了一个画布 fig 和 Axes3D 类的对象 ax，然后使用 axes3d 模块的 get_test_data() 函数获取了一些自带的测试数据，最后调用 plot_wireframe() 方法绘制了一个 3D 线框图。

运行程序，效果如图 7-1 所示。

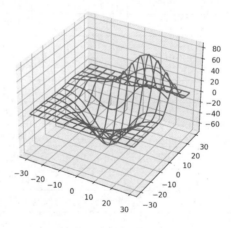

图 7-1　3D 线框图

2. 绘制 3D 曲面图

Axes3D 类的对象使用 plot_surface() 方法绘制 3D 曲面图，该方法的语法格式如下所示：

```
plot_surface(self, X, Y, Z, *args, norm=None, vmin=None, vmax=None,
             lightsource=None, **kwargs)
```

该方法常用参数的含义如下。

· X，Y，Z：表示 x、y、z 轴的数据。

· rcount，ccount：表示每个坐标轴方向所使用的最大样本量，默认为 50。

· rstride，cstride：表示采样的密度。

· color：表示曲面的颜色。

· cmap：表示曲面的颜色映射表。

· shade：表示是否对曲面进行着色。

绘制 3D 曲面图的示例代码如下。

```
In [2]:
from mpl_toolkits.mplot3d import Axes3D
import matplotlib.pyplot as plt
from matplotlib import cm
import numpy as np
x1 = np.arange(-5, 5, 0.25)
y1 = np.arange(-5, 5, 0.25)
x1, y1 = np.meshgrid(x1, y1)
r1 = np.sqrt(x1**2 + y1**2)
z1 = np.sin(r1)
fig = plt.figure()
ax = fig.add_subplot(111, projection='3d')
# 绘制曲面图
ax.plot_surface(x1, y1, z1, cmap=cm.coolwarm, linewidth=0,
                antialiased=False)
# 设置 z 轴刻度的范围、 位置、 格式
ax.set_zlim(-1.01, 1.01)
plt.show()
```

运行程序，效果如图 7-2 所示。

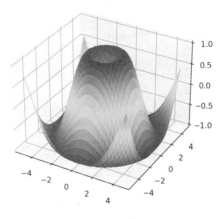

图 7-2 3D 曲面图

7.1.3 实例 1：三维空间的星星

"一闪一闪亮晶晶，满天都是小星星……"

相信很多人都听过这首《小星星》。下面绘制包含若干个五角星的 3D 散点图，并在不同的坐标范围内显示不同颜色的五角星，具体代码如下。

```
In [3]:
```

```
# 01_stars_in_3d
import numpy as np
import matplotlib.pyplot as plt
from mpl_toolkits.mplot3d import Axes3D
plt.rcParams["font.sans-serif"] = ["SimHei"]
plt.rcParams["axes.unicode_minus"] = False
# 生成测试数据
x = np.random.randint(0, 40, 30)
y = np.random.randint(0, 40, 30)
z = np.random.randint(0, 40, 30)
# 创建三维坐标系的绘图区域，并在该区域中绘制 3D 散点图
fig = plt.figure()
ax = fig.add_subplot(111, projection='3d')
for xx, yy, zz in zip(x, y, z):
    color = 'y'
    if 10 < zz < 20:
        color = '#C71585'
    elif zz >= 20:
        color = '#008B8B'
    ax.scatter(xx, yy, zz, c=color, marker='*', s=160,
               linewidth=1, edgecolor='black')
ax.set_xlabel('x轴')
ax.set_ylabel('y轴')
ax.set_zlabel('z轴')
ax.set_title('3D散点图', fontproperties='simhei', fontsize=14)
plt.tight_layout()
plt.show()
```

运行程序，效果如图 7-3 所示。

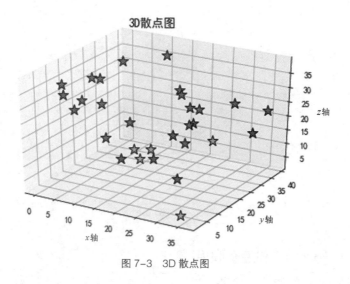

图 7-3 3D 散点图

7.2 使用 animation 制作动图

相对于静态图表而言，添加了动画的动态图表更加生动形象，更能激发用户继续探索数

据的热情。下面将对 animation 模块的使用方法进行详细介绍。

7.2.1　animation 概述

matplotlib 在 1.1 版本的标准库中加入了动画模块——animation，使用该模块的 Animation 类可以实现一些基本的动画效果。Animation 类是一个动画基类，它针对不同的行为分别派生了不同的子类，主要包括 FuncAnimation 类和 Artist Animation 类。其中，FuncAnimation 类表示基于重复调用一个函数的动画；ArtistAnimation 类表示基于一组固定 Artist（标准的绘图元素，比如文本、线条、矩形等）对象的动画。具体说明如下。

1. FuncAnimation 类

FuncAnimation 是基于函数的动画类，它通过重复调用同一函数来制作动画。FuncAnimation 类的构造方法的语法格式如下所示：

```
FuncAnimation(fig, func, frames=None, init_func=None, fargs=None,
              save_count=None, *, cache_frame_data=True, **kwargs)
```

该方法常用参数的含义如下。

· fig：表示动画所在的画布。

· func：表示每帧动画调用的函数。

· frames：表示动画的长度（一次动画包含的帧数）。

· init_func：表示用于开始绘制帧的函数，它会在第一帧动画之前调用一次。若未设置该参数，则程序将使用 frames 序列中第一项的绘图结果。

· fargs：表示传递给 func 函数的其他参数。

· interval：表示更新动画的频率，以毫秒为单位，默认为 200。

· blit：表示是否更新所有的点，默认为 False。官方推荐将 blit 参数设为 True，但建议 macOS 的用户将 blit 参数设为 False，否则将无法显示动画。

例如，定义一个用于更新每帧 x 对应的 y 值的动画函数 animate() 和一个初始化帧的函数 init()，之后根据这两个函数创建动画，实现正弦曲线移动的效果，具体代码如下。

```
In [4]:
# 以 qt5 为图形界面后端
%matplotlib qt5
import numpy as np
import matplotlib.pyplot as plt
from matplotlib.animation import FuncAnimation    # 导入动画类
x = np.arange(0, 2*np.pi, 0.01)
fig, ax = plt.subplots()
line, = ax.plot(x, np.sin(x))
# 定义每帧动画调用的函数
def animate(i):
    line.set_ydata(np.sin(x + i/10.0))
    return line
# 定义初始化帧的函数
def init():
    line.set_ydata(np.sin(x))
    return line
ani = FuncAnimation(fig=fig, func=animate, frames=100,
                    init_func=init, interval=20, blit=False)
plt.show()
```

由于 Jupyter Notebook 工具无法直接显示动画，需要将 Jupyter Notebook 的后端修改为 qt5（一个跨平台开发图形用户界面应用程序的框架，目前最新版本是 qt5）。运行以上程序，效果如图 7–4 所示。

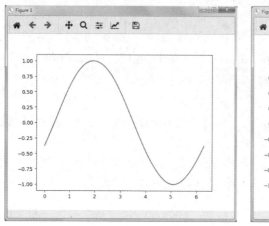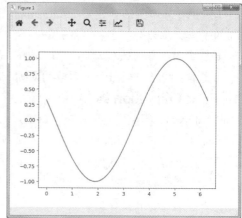

图 7–4　使用 FuncAnimation 类制作移动的正弦曲线

2. ArtistAnimation 类

ArtistAnimation 是基于一组 Artist 对象的动画类，它通过一帧一帧的数据制作动画。ArtistAnimation 类的构造方法的语法格式如下所示：

```
ArtistAnimation(fig, artists, interval, repeat_delay, repeat,
                blit, *args, **kwargs)
```

该方法常用参数的含义如下。

· fig：表示动画所在的画布。

· artists：表示一组 Artist 对象的列表。

· interval：表示更新动画的频率，以毫秒为单位，默认为 200。

· repeat_delay：表示再次播放动画之前延迟的时长。

· repeat：表示是否重复播放动画。

下面使用 ArtistAnimation 类制作与上个示例相同的动画效果——移动的正弦曲线，具体代码如下。

```
In [5]:
import numpy as np
import matplotlib.pyplot as plt
from matplotlib.animation import ArtistAnimation
x = np.arange(0, 2*np.pi, 0.01)
fig, ax = plt.subplots()
arr = []
for i in range(5):
    line = ax.plot(x, np.sin(x+i))
    arr.append(line)
# 根据 arr 存储的一组图形创建动画
ani = ArtistAnimation(fig=fig, artists=arr, repeat=True)
plt.show()
```

运行以上程序，效果如图 7-5 所示。

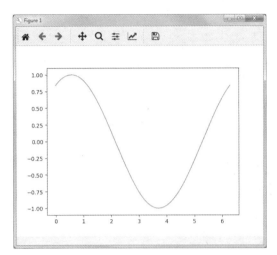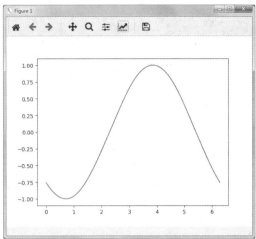

图 7-5　使用 AristAnimation 类制作移动的正弦曲线

需要说明的是，因为每次绘制的曲线都是一个新的图形，所以每次曲线的颜色都是不同的。

通过比较可以发现，通过 FuncAnimation 类创建动画的方式更加灵活。

> **注意:**
>
> 若希望将动画存储为视频文件，则可以借助 ffmpeg 或 mencoder，之后使用 Animation 类的 save() 方法将每一帧动画存储为视频文件，具体示例如下。

```
ani.save('basic_animation.mp4', fps=30, extra_args=['-vcodec', 'libx264'])
```

7.2.2　实例 2：三维空间闪烁的星星

animation 模块支持三维空间的动画效果。7.1.3 节的 3D 散点图中，每个五角星均没有闪烁的效果，这里将为 3D 散点图增加动画，实现星星的颜色由红到白的闪烁效果，具体代码如下。

```
In [6]:
# 02_twinkling_stars_in_3d
import numpy as np
import matplotlib.pyplot as plt
from mpl_toolkits.mplot3d import Axes3D
from matplotlib.animation import FuncAnimation
plt.rcParams["font.sans-serif"] = ["SimHei"]
plt.rcParams["axes.unicode_minus"] = False
# 生成测试数据
xx = np.array([13, 5, 25, 13, 9, 19, 3, 39, 13, 27])
yy = np.array([4, 38, 16, 26, 7, 19, 28, 10, 17, 18])
zz = np.array([7, 19, 6, 12, 25, 19, 23, 25, 10, 15])
fig = plt.figure()
ax = fig.add_subplot(111, projection='3d')
# 绘制初始的 3D 散点图
star = ax.scatter(xx, yy, zz, c='#C71585', marker='*', s=160,
```

```
                                linewidth=1, edgecolor='black')
# 每帧动画调用的函数
def animate(i):
    if i % 2:
        color = '#C71585'
    else:
        color = 'white'
    next_star = ax.scatter(xx, yy, zz, c=color, marker='*', s = 160,
                            linewidth=1, edgecolor='black')
    return next_star
def init():
    return star
ani = FuncAnimation(fig=fig, func=animate, frames=None, init_func=init,
                    interval=1000, blit=False)
ax.set_xlabel('x轴')
ax.set_ylabel('y轴')
ax.set_zlabel('z轴')
ax.set_title('3D散点图', fontproperties='simhei', fontsize=14)
plt.tight_layout()
plt.show()
```

运行程序，效果如图 7-6 所示。

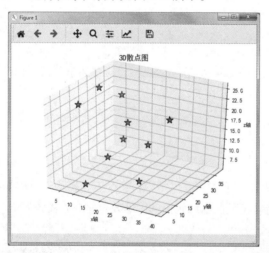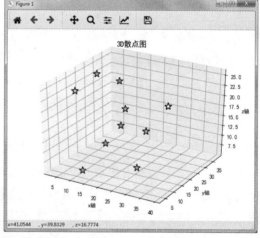

图 7-6　带动画效果的 3D 散点图

7.3　使用 basemap 绘制统计地图

7.3.1　basemap 概述

在数据可视化中，人们有时需将采集的数据按照其地理位置显示到地图上，常见于城市人口、飞机航线、矿藏分布等，有助于用户理解与空间有关的信息。basemap 是 matplotlib 中的地图工具包，它本身不会参与任何绘图操作，而会将给定的地理坐标转换到地图投影中（由于地球是一个赤道略宽、两极略扁的不规则的梨形球体，其表面是一个不可展平的曲面，因此需要运用地图投影将地球曲面转换到平面上），之后将数据交给 matplotlib 进行绘图。下面先介绍 basemap 工具包的安装和使用。

1. 安装 basemap

在 Anaconda 中安装 basemap 的方式比较简单，可以直接在 Anaconda Prompt 工具中输入如下命令：

```
conda install basemap
```

执行以上命令后，conda 命令会自动解析当前的 Python 环境并下载当前环境对应的 basemap 包。需要说明的是，在命令执行的过程中会询问用户是否安装，用户只需同意即可。

安装完成后，在 Anaconda Prompt 的命令提示符后面输入 python，之后输入如下导入语句：

```
from mpl_toolkits.basemap import Basemap
```

执行以上语句后，若 Anaconda Prompt 中没有出现错误信息，则表明 basemap 安装成功，否则表明安装失败。

注意：

在 Jupyter Notebook 工具中导入 basemap 工具包时，运行会出现 "KeyError：'PROJ_LIB'"。程序之所以产生这一错误，是因为 basemap 依赖的 proj4 模块未设置环境变量。可以参考 https://blog.csdn.net/weixin_39278265/ article/details/84019778 网页中推荐的解决方式来解决。

2. 使用 basemap

basemap 工具包中主要包含一个表示基础地图背景的 Basemap 类，通过创建 Basemap 类的对象可以指定地图投影的类型和要处理的地球区域。Basemap 类的构造方法的语法格式如下所示：

```
Basemap(llcrnrlon=None, llcrnrlat=None, urcrnrlon=None, urcrnrlat=None,
        llcrnrx=None, llcrnry=None, urcrnrx=None, urcrnry=None,
        width=None, height=None, projection='cyl', resolution='c',
        area_thresh=None, rsphere=6370997.0, ellps=None, lat_ts=None,
        lat_1=None, lat_2=None, lat_0=None, lon_0=None, lon_1=None,
        lon_2=None, o_lon_p=None, o_lat_p=None, k_0=None, no_rot=False,
        suppress_ticks=True, satellite_height=35786000, boundinglat=None,
        fix_aspect=True, anchor='C', celestial=False, round=False,
        epsg=None, ax=None)
```

该方法常见参数的含义如下。

· lon_0，lat_0：表示所需地图投影区域中心的经度或纬度。

· llcrnrlon，llcrnrlat：表示地图投影区域左下角的经度或纬度。

· urcrnrlon，urcrnrlat：表示地图投影区域右上角的经度或纬度。

· width，height：表示所需地图投影区域的宽度和高度。

· rsphere：表示投影中使用的球体的半径。

· resolution：表示包括海岸线、湖泊等的分辨率，可以取值为 'c'（粗略，默认值）、'l'（低）、'i'（中级）、'h'（高）、'f'（完整）或 None。若要使用 shapefile（一种用于存储地理要素的几何位置和属性信息的格式）文件，则可以将 resolution 参数设为 None，这种方式无须加载任何数据，且会极大提高程序的性能。

- area_thresh：表示不会绘制海岸线或湖泊的阈值。
- anchor：表示地图置于绘图区域的方式，默认为 C，表示地图居中。
- projection：表示地图投影的类型，默认值为 cyl。

需要说明的是，projection 参数支持众多的地图投影类型，projection 参数的常用取值及说明如表 7-3 所示。

表 7-3　projection 参数的常用取值及说明

取值	说明
cea	Cylindrical Equal Area（圆柱等积投影）
mbtfpq	McBryde-Thomas Flat-Polar Quartic（麦克布赖德－托马斯平极四次投影）
aeqd	Azimuthal Equidistant（方位等距投影）
sinu	Sinusoidal（正弦投影）
poly	Polyconic（多圆锥投影）
omerc	Oblique Mercator（斜轴墨卡托投影）
gnom	Gnomonic（球心投影）
moll	Mollweide（摩尔威德投影）
mill	Miller Cylindrical（米勒圆柱投影）
stere	Stereographic（立体影像投影）
eqdc	Equidistant Conic（等距圆锥投影）
cyl	Cylindrical Equidistant（等距圆柱投影）
hammer	Hammer（哈默投影）
aea	Albers Equal Area（阿伯斯投影）
ortho	Orthographic（正投影）
cass	Cassini-Soldner（卡西尼－斯洛德投影）
vandg	van der Grinten（范德格林氏投影）
laea	Lambert Azimuthal Equal Area（兰伯特方位等积投影）
robin	Robinson（罗宾森投影）

确定地图背景的投影区域之后，用户还需要对待处理的区域进行完善，为该区域绘制河岸线、河流和地区或国家边界等。Basemap 类中提供了一些绘制地图背景的方法，如表 7-4 所示。

表 7-4　Basemap 类地图背景的绘制方法

方法	说明
drawcoastlines()	绘制海岸线
drawcountries()	绘制国家边界
drawstates()	绘制北美的州界
drawmapboundary()	绘制地图投影区域周围边界
drawrivers()	绘制河流
drawparallels()	绘制纬度线
drawmeridians()	绘制经度线

拥有地图背景之后便可以使用 matplotlib 在地图上绘制数据了。为方便用户操作，Basemap 类中提供了一些在地图上绘制数据的方法（这些方法已经简单地转发到 Axes 实例方法，且进行了一些额外的处理和参数检查），这些方法及其说明如表 7-5 所示。

表 7-5　Basemap 类的绘图方法及其说明

方法	说明
contour()	绘制轮廓线
contourf()	绘制填充轮廓
plot()	绘制线或标记
scatter()	绘制散点或气泡
quiver()	绘制向量
barbs()	绘制风钩
drawgreatcircle()	绘制大圆圈

关于 basemap 工具的更多内容可以参考官方文档进行深入学习。

7.3.2　实例 3：美国部分城镇人口分布

某平台统计了 2014 年美国各州城镇的人口数量与经纬度信息，并将这些信息整理成表格，具体如表 7-6 所示。

表 7-6　2014 年美国各州城镇的人数与经纬度信息

城市	人数（pop）	纬度（lat）	经度（lon）
New York	8287238	40.7305991	−73.9865812
Los Angeles	3826423	34.053717	−118.2427266
Chicago	2705627	41.8755546	−87.6244212
Houston	2129784	29.7589382	−95.3676974
Philadelphia	1539313	39.952335	−75.163789

续表

城市	人数（pop）	纬度（lat）	经度（lon）
Phoenix	1465114	33.4467681	−112.0756724
San Antonio	1359174	29.4246002	−98.4951405
San Diego	1321016	32.7174209	−117.1627714
Dallas	1219399	32.7761963	−96.7968994
San Jose	971495	37.3438502	−121.8831349
...	...	...	...
Spanish Fort	7102	30.6749127	−87.9152724
Plaquemine	7102	30.2890833	−91.2342744
Milton−Freewater	7102	45.9326346	−118.3877435
Benton	7096	36.0345286	−88.101285
Ocean City	7094	39.2776156	−74.5746001

将表 7-6 中的数据整理到 2014_us_cities.csv 文件中，使用 pandas 读取 2014_us_cities.csv 文件的前 500 条数据，将读取的"lat"和"lon"两列的地理坐标转换到地图投影中，将读取的"pop"列的数据绘制为气泡并显示到地图上，具体代码如下。

```
In [7]:
# 03_twinkling_stars_in_3d
import numpy as np
import pandas as pd
import matplotlib.pyplot as plt
from mpl_toolkits.basemap import Basemap
plt.rcParams["font.sans-serif"] = ["SimHei"]
plt.rcParams["axes.unicode_minus"] = False
# 创建 Basemap 对象
map = Basemap(projection='stere', lat_0=90, lon_0=-105, llcrnrlat=23.41,
              urcrnrlat=45.44, llcrnrlon=-118.67, urcrnrlon=-64.52,
              rsphere=6371200., resolution='l', area_thresh=10000)
map.drawmapboundary()        # 绘制地图投影周围边界
map.drawstates()             # 绘制州界
map.drawcoastlines()         # 绘制海岸线
map.drawcountries()          # 绘制国家边界
# 绘制纬线
parallels = np.arange(0., 90, 10.)
map.drawparallels(parallels, labels=[1, 0, 0, 0], fontsize=10)
# 绘制经线
meridians = np.arange(-110., -60., 10.)
map.drawmeridians(meridians, labels=[0, 0, 0, 1], fontsize=10)
posi = pd.read_csv(r"C:\Users\admin\Desktop\2014_us_cities.csv")
# 从 3228 组城市数据中选择 500 组数据
lat = np.array(posi["lat"][0:500])              # 获取纬度值
lon = np.array(posi["lon"][0:500])              # 获取经度值
pop = np.array(posi["pop"][0:500], dtype=float) # 获取人口数
```

```
# 气泡图的气泡大小
size = (pop / np.max(pop)) * 1000
x, y = map(lon, lat)
map.scatter(x, y, s=size)
plt.title('2014年美国部分城镇的人口分布情况 ')
plt.show()
```

运行程序，效果如图 7-7 所示。

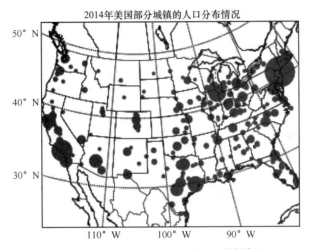

图 7-7　2014 年美国部分城镇的人口分布情况

在图 7-7 中，地图中不同大小的深灰色圆点代表人口的数量，圆点越大说明该地域的人口越多，圆点越小则说明该地域的人口越少。由图 7-7 可知，位于美国东北部的纽约州和位于西部的加利福尼亚州的人口数量最多。

注意：

实例中使用的美国人口及地理数据（含经纬度）参考了 github 网站，大家可登录网站进行下载，也可以使用本书配套资源中的文件。

7.4　本章小结

本章首先介绍了使用 mplot3d 工具包绘制 3D 图表，然后介绍了使用 anima tion 模块制作动画，最后介绍了使用 basemap 工具包绘制统计地图。通过学习本章的内容，希望读者能够掌握这些工具包和动画模块的基本用法。

7.5　习题

一、填空题

1. mplot3d 是 matplotlib 中专门绘制＿＿＿＿的工具包。

2. FuncAnimation 通过重复地调用同一_____来制作动画。

3. basemap 工具包中默认使用的地图投影是_____。

4. basemap 工具包中包含一个表示基础地图背景的_____类。

二、判断题

1. matplotlib 只能绘制 2D 图表。（　　　）

2. FuncAnimation 是一个动画基类。（　　　）

3. 创建 Basemap 类的对象时可以指定地图投影的类型和要处理的地球区域。（　　　）

三、选择题

1. 下列选项中，用于绘制统计地图的是（　　　）。

　　A. mplot3d　　　　　　B. basemap　　　　　C. animation　　　　　D. ticker

2. 下列方法中，用于绘制 3D 曲面图的是（　　　）。

　　A. plot()　　　　　　　　　　　　　　　B. plot_wireframe()

　　C. plot_surface()　　　　　　　　　　　D. plot_trisurf()

3. 关于 animation 模块，下列描述错误的是（　　　）。

　　A. Animation 类针对不同的行为派生了不同的子类

　　B. FuncAnimation 类表示基于重复调用一个函数的动画

　　C. ArtistAnimation 类表示基于一组 Artist 对象的动画

　　D. ArtistAnimation 是一个动画基类

4. 请阅读下面一段代码：

```
map = Basemap(projection='stere', lat_0=90, lon_0=-105, llcrnrlat=23.41,
              urcrnrlat=45.44, llcrnrlon=-118.67, urcrnrlon=-64.52,
              rsphere=6371200., resolution='l', area_thresh=10000)
```

以上代码中地图背景使用的投影类型为（　　　）。

　　A. Cylindrical Equal Area　　　　　　　B. Stereographic

　　C. Cylindrical Equidistant　　　　　　　D. South-Polar Stereographic

5. 下列方法中，用于绘制地图纬度线的是（　　　）。

　　A. drawparallels()　　　　　　　　　　B. drawmeridians()

　　C. drawcoastlines()　　　　　　　　　　D. drawrivers()

四、简答题

1. 请简述 FuncAnimation 和 ArtistAnimation 类的区别。

2. 请简述 basemap 的基本用法。

五、编程题

绘制一个具有动画效果的图表，要求如下：

（1）绘制一条正弦曲线；

（2）绘制一个红色圆点，该圆点最初位于正弦曲线的左端；

（3）制作一个圆点沿曲线运动的动画，并时刻显示圆点的坐标位置。

部分效果如图 7-8 所示。

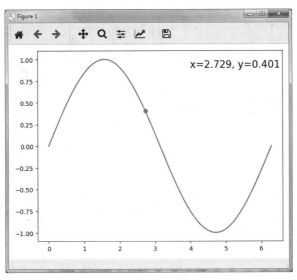

图 7-8　沿曲线运动的圆点

第 8 章

使用 matplotlib 绘制高级图表

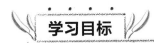

拓展阅读

★ 了解常见的高级图表

★ 掌握高级图表的绘制方法

matplotlib 除了可以绘制简单的图表，还可以绘制一些常见的高级图表，包括等高线图、矢量场流线图、棉棒图、哑铃图、甘特图、人口金字塔图、漏斗图、桑基图、树状图和华夫饼图。下面将对 matplotlib 中绘制高级图表的相关知识进行详细介绍。

8.1　绘制等高线图

等高线图是地形图上高程相等的相邻各点所连成的闭合曲线，它会将地面上海拔高度相同的点连成环线，之后将环线垂直投影到某一水平面上，并按照一定的比例缩绘到图纸上，常见于山谷、山峰或梯度下降算法的场景。例如，某座山的等高线图如图 8-1 所示。

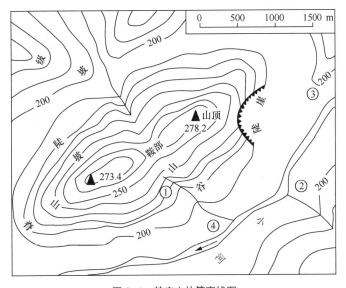

图 8-1　某座山的等高线图

图 8-1 的等高线中标注的数字代表海拔高度。等高线图包含 3 个主要的信息，分别为坐标点的 x 值、y 值及高度。假设坐标点的高度为 h，则 h、x、y 之间的关系如下所示：

$$h=(1-x/2+x^5+y^3)e^{-x^2-y^2}$$

在 matplotlib 中，pyplot 可以使用 contour()、contourf() 函数分别绘制和填充等高线图。contour() 函数的语法格式如下所示：

```
contour([X, Y,]Z, [levels,]**kwargs)
```

该函数的常用参数的含义如下。

·X，Y：表示坐标点的网格数据。

・Z：表示坐标点对应的高度数据。

・levels：表示等高线的数量。若 levels 为 n，则说明绘制 $n+1$ 条等高线。

・colors：表示不同高度的等高线颜色。

・cmap：表示颜色映射表。

・linewidths：表示等高线的宽度。

・linestyles：表示等高线的线型。

需要注意的是，参数 X、Y 需要接收网格数据，即以坐标矩阵批量描述点的位置。numpy 模块的 meshgrid() 函数可以生成网格数据。contourf() 与 contour() 函数的参数相似，此处不再赘述。

此外，Axes 类的对象也可以使用 contour()、contourf() 方法绘制和填充等高线图。

下面使用 numpy 生成一组位于 –2 ~ 2 之间的样本数据，计算出等高线的高度，绘制并填充等高线图，示例代码如下。

```
In [1]:
import numpy as np
import matplotlib.pyplot as plt
# 计算高度
def calcu_elevation(x1, y1):
    h = (1-x1/2 + x1**5 + y1**3) * np.exp(-x1**2 - y1**2)
    return h
n = 256
x = np.linspace(-2, 2, n)
y = np.linspace(-2, 2, n)
# 利用 meshgrid() 函数生成网格数据
x_grid, y_grid = np.meshgrid(x, y)
fig = plt.figure()
ax = fig.add_subplot(111)
# 绘制等高线
con = ax.contour(x_grid, y_grid, calcu_elevation(x_grid, y_grid),
                8, colors='black')
# 填充等高线的颜色
ax.contourf(x_grid, y_grid, calcu_elevation(x_grid, y_grid),
            8, alpha=0.75, cmap=plt.cm.copper)
# 为等高线添加文字标签
ax.clabel(con, inline=True, fmt='%1.1f', fontsize=10)
ax.set_xticks([])
ax.set_yticks([])
plt.show()
```

以上示例首先定义了一个计算等高线高度的 calcu_elevation() 函数，其次生成了一组样本数据，并将这些数据转换为网格数据，然后分别调用 contour() 和 contourf() 方法绘制和填充等高线，最后调用 clabel() 方法为等高线添加标注，以及隐藏 x 轴和 y 轴的刻度。

运行程序，效果如图 8-2 所示。

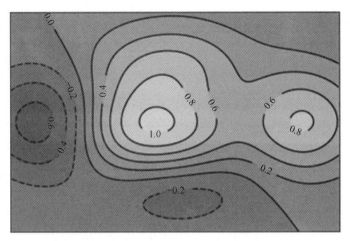

图 8-2　绘制并填充等高线图

8.2　绘制矢量场流线图

矢量场流线图可以表现矢量场的流态，常见于科学和自然学科中的磁场、万有引力和流体运动等场景。例如，某磁场的流线图如图 8-3 所示。

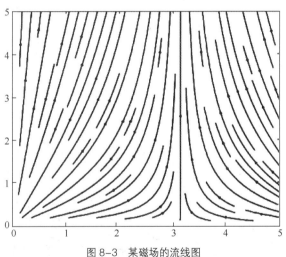

图 8-3　某磁场的流线图

由图 8-3 可知，矢量场流线图包含多条带有箭头的线条，其中线条的长度表示矢量场的强度，箭头的方向表示矢量场的方向。此外，矢量场的强度也可以用线条的密度来表示。

在 matplotlib 中，pyplot 可以使用 streamplot() 函数绘制矢量场流线图。streamplot() 函数的语法格式如下所示：

```
streamplot(x, y, u, v, density=1, linewidth=None, col=None, cmap=None,
           norm=None, arrowsize=1, arrowstyle='-|>', minlength=0.1,
           transform=None, zorder=None, start_points=None, maxlength=4.0,
```

```
integration_direction='both', *, data=None)
```

该函数常用参数的含义如下。

· x，y：表示间距均匀的网格数据。

· u，v：表示 (x,y) 速率的二维数组。

· density：表示流线的密度。

· linewidth：表示流线的宽度。

· arrowsize：表示箭头的大小。

· arrowstyle：表示箭头的类型。

· minlength：表示流线的最小长度。

· maxlength：表示流线的最大长度。

此外，Axes 类的对象也可以使用 streamplot() 方法绘制矢量场流线图。

下面根据一组模拟某磁场的网格数据绘制一个矢量场流线图，示例代码如下。

```
In [2]:
import numpy as np
import matplotlib.pyplot as plt
y, x = np.mgrid[0:5:50j, 0:5:50j]
u = x
v = y
fig = plt.figure()
ax = fig.add_subplot(111)
# 绘制矢量场流线图
ax.streamplot(x, y, u, v)
plt.show()
```

运行程序，效果如图 8-4 所示。

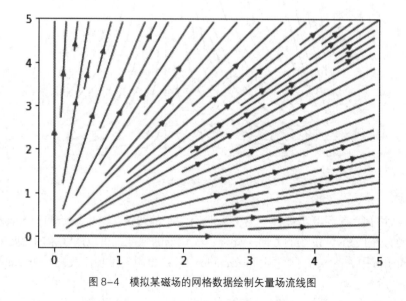

图 8-4   模拟某磁场的网格数据绘制矢量场流线图

由图 8-4 可知，右侧的流线密度较大，说明该处磁场较强。

8.3 绘制棉棒图

棉棒图亦称为火柴杆图、大头针图或棒棒糖图，由线段（茎）与标记符号（茎头，默认为圆点）连接而成。其中，线段表示数据点到基线的距离，标记符号表示数据点的数值。棉棒图是柱形图或条形图的变形，主要用于比较标记符号的相对位置，而非比较线段的长度。例如，某公司全年盈利情况的棉棒图如图 8-5 所示。

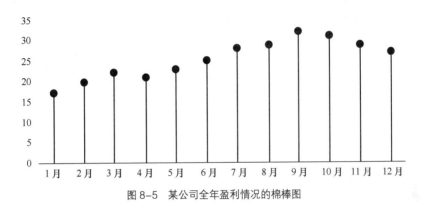

图 8-5　某公司全年盈利情况的棉棒图

在 matplotlib 中，pyplot 可以使用 stem() 函数绘制棉棒图。stem() 函数的语法格式如下所示：

```
stem([x,] y, linefmt=None, markerfmt=None, basefmt=None, bottom=0,
     label=None, use_line_collection=False, data=None)
```

该函数常用参数的含义如下。

· x，y：表示茎的 x 值和茎头的 y 值。

· linefmt：表示茎属性的字符串。

· markerfmt：表示茎头属性的字符串。

· basefmt：表示基线属性的字符串。

· bottom：表示基线的 y 值。

· label：表示应用于图例的标签。

· use_line_collection：若设为 True，则将棉棒图的所有线段存储到一个 LineCollection 类对象中；若设为 False，则将棉棒图的所有线段存储到列表中。

stem() 函数会返回一个形如 (markerline, stemlines, baseline) 的元组，其中元组的第 1 个元素 markerline 为代表棉棒图标记的 Line2D 对象，第 2 个元素 stemlines 为代表棉棒图线段的 Line2D 对象，第 3 个元素 baseline 为代表基线的 Line2D 对象。

此外，Axes 类的对象也可以使用 stem() 方法绘制棉棒图。

假设汽车生产商生产了一批小型轿车，并测试了这批小型轿车的燃料消耗量，结果如表 8-1 所示。

表 8–1　不同品牌轿车的燃料消耗量　　　　　　　　　　　　　　单位：L/km

轿车品牌	燃料消耗量
宝骏 310	5.9
宝马 i3	6.2
致享	6.7
焕驰	7.0
力帆 530	7.0
派力奥	7.1
悦翔 V3	7.2
乐风 RV	7.4
奥迪 A1	7.5
威驰 FS	7.6
夏利 N7	7.7
启辰 R30	7.7
和悦 A13RS	7.7
致炫	7.8
赛欧	7.9

注：表 8–1 中所列轿车的燃料消耗量数据来源于网络，不能确定其真实性。

根据表 8–1 的数据，将"轿车品牌"一列的数据作为 x 轴的标签，将"燃料消耗量"一列的数据作为 y 轴的数据，使用 stem() 绘制不同品牌轿车燃料消耗量的棉棒图，具体代码如下。

```
In [3]:
import numpy as np
import matplotlib.pyplot as plt
plt.rcParams['font.sans-serif'] = 'SimHei'
plt.rcParams['axes.unicode_minus'] = False
x = np.arange(1, 16)
y = np.array([5.9, 6.2, 6.7, 7.0, 7.0, 7.1, 7.2, 7.4,
              7.5, 7.6, 7.7, 7.7, 7.7, 7.8, 7.9])
labels = np.array(['宝骏 310', '宝马 i3', '致享', '焕驰', '力帆 530',
                   '派力奥', '悦翔 V3', '乐风 RV', '奥迪 A1', '威驰 FS',
                   '夏利 N7', '启辰 R30', '和悦 A13RS', '致炫', '赛欧'])
fig = plt.figure(figsize=(10, 6), dpi= 80)
ax = fig.add_subplot(111)
# 绘制棉棒图
markerline, stemlines, baseline = ax.stem(x, y, linefmt='--',
    markerfmt='o', label='TestStem', use_line_collection=True)
# 设置棉棒图线段的属性
plt.setp(stemlines, lw=1)
ax.set_title('不同品牌轿车的燃料消耗量', fontdict={'size':18})
ax.set_ylabel('燃料消耗量 (L/km)')
ax.set_xticks(x)
ax.set_xticklabels(labels, rotation=60)
```

```
ax.set_ylim([0, 10])
for temp_x, temp_y in zip(x, y):
    ax.text(temp_x, temp_y+0.5, s='{}'.format(temp_y), ha= 'center',
            va='bottom', fontsize=14)
plt.show()
```

运行程序，效果如图 8-6 所示。

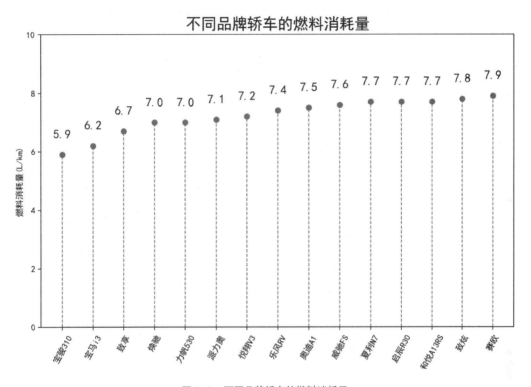

图 8-6　不同品牌轿车的燃料消耗量

图 8-6 中，每个茎头上方都添加了注释文本。由图 8-6 可知，赛欧轿车的燃料消耗量最大，为 7.9 L/km。

8.4　绘制哑铃图

哑铃图又名 DNA 图（图表横着看像哑铃，竖着看像 DNA），主要用于展示两个数据点之间的变化。哑铃图可以看作散点图与线形图的组合，适用于比较各种项目“前”与“后”的位置及项目的等级排序等场景。例如，2017 年与 2018 年某公司各部门活动经费的使用情况如图 8-7 所示。

已知美国在 2013 年和 2014 年分别对部分城市的人口 PCT 指标进行了统计，并将统计的结果整理到 health.xlsx 文件中。health.xlsx 文件的内容如图 8-8 所示。

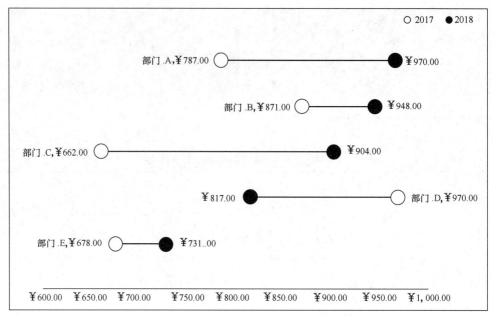

图 8-7　2017 年与 2018 年某公司各部门活动经费的使用情况

	A	B	C
	city	pct_2014	pct_2013
	休斯敦	0.19	0.22
	迈阿密	0.19	0.24
	达拉斯	0.18	0.21
	圣安东尼奥	0.15	0.19
	亚特兰大	0.15	0.18
	洛杉矶	0.14	0.2
	坦帕	0.14	0.17
	夏洛特	0.13	0.15
	圣地亚哥	0.12	0.16
	芝加哥	0.11	0.14
	纽约	0.1	0.12
	丹佛	0.1	0.14
	华盛顿	0.09	0.11
	波特兰	0.09	0.13
	圣路易斯	0.09	0.1

图 8-8　health.xlsx 文件

　　下面使用 pandas 读取 health.xlsx 文件的数据，并根据读取的数据绘制由散点和线组成的哑铃图，示例代码如下。

```
In [4]:
import pandas as pd
import matplotlib.pyplot as plt
import matplotlib.lines as mlines
plt.rcParams['font.sans-serif'] = 'SimHei'
plt.rcParams['axes.unicode_minus'] = False
df = pd.read_excel(r"C:\Users\admin\Desktop\health.xlsx")
df.sort_values('pct_2014', inplace=True)
df.reset_index(inplace=True)
df = df.sort_values(by="index")
def newline(p1, p2, color='black'):
    ax = plt.gca()    # 获取当前的绘图区域
```

```
    l = mlines.Line2D([p1[0], p2[0]], [p1[1],p2[1]], color='skyblue')
    ax.add_line(l)
    return l
fig, ax = plt.subplots(1, 1, figsize=(8, 6))
# 绘制散点
ax.scatter(y=df['index'], x=df['pct_2013'], s=50,
color='#0e668b', alpha=0.7)
ax.scatter(y=df['index'], x=df['pct_2014'], s=50,
color='#a3c4dc', alpha=0.7)
# 绘制线条
for i, p1, p2 in zip(df['index'], df['pct_2013'], df['pct_2014']):
    newline([p1, i], [p2, i])
ax.set_title("2013年与2014年美国部分城市人口PCT指标的变化率", fontdict={'size':12})
ax.set_xlim(0, .25)
ax.set_xticks([.05, .1, .15, .20])
ax.set_xticklabels(['5%', '10%', '15%', '20%'])
ax.set_xlabel(' 变化率 ')
ax.set_yticks(df['index'])
ax.set_yticklabels(df['city'])
ax.grid(alpha=0.5, axis='x')
plt.show()
```

运行程序，效果如图 8-9 所示。

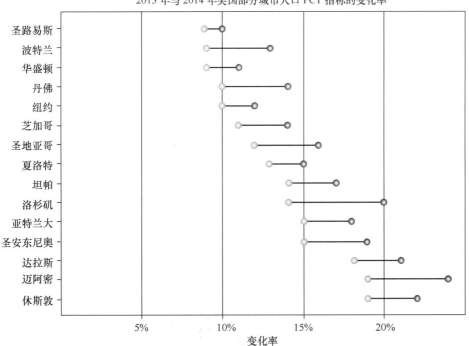

图 8-9　2013 年与 2014 年美国部分城市人口 PCT 指标的变化率

图 8-9 中，每个杠铃图形左端的圆点代表 2014 年美国部分城市人口 PCT 指标的变化率，右端的圆点代表 2013 年美国部分城市人口 PCT 指标的变化率。由图 8-9 可知，洛杉矶市人口 PCT 指标的变化率最大，圣路易斯市人口 PCT 指标的变化率最小。

8.5　绘制甘特图

甘特图亦称为横道图、条状图，它通过活动列表和时间刻度表示特定项目的顺序与持续时间。甘特图一般以时间为横轴、项目为纵轴，可以直观地展示每个项目的进展情况，以便于管理者了解项目的剩余任务及评估工作进度。例如，某公司于 12 月份跟踪了某项目进度，如图 8-10 所示。

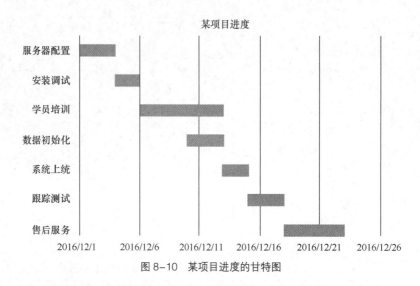

图 8-10　某项目进度的甘特图

观察图 8-10 可知，甘特图类似于条形图，它们的图形都是横向的矩形条，但甘特图中每个矩形条的起始位置是不同的。使用 pyplot 模块的 barh() 函数可以绘制一个甘特图，只需要给 left 参数传入值，指定每个矩形条 x 坐标值即可。

已知某公司准备开辟一个新项目，为确保项目的可行性，将该项目划分为"项目确定""问卷设计""试访""问卷确定""实地执行""数据录入""数据分析""报告提交"共 8 个任务，并指定了各任务的周期。下面使用 barh() 绘制一个甘特图，示例代码如下。

```
In [5]:
import numpy as np
import matplotlib.pyplot as plt
ticks = np.array(['报告提交 ', '数据分析 ', '数据录入 ', '实地执行 ',
                  '问卷确定 ', '试访 ', '问卷设计 ', '项目确定 '])
y_data = np.arange(1, 9)
x_data = np.array([0.5, 1.5, 1, 3, 0.5, 1, 1,2])
fig,ax = plt.subplots(1, 1)
ax.barh(y_data, x_data, tick_label=ticks,
        left=[7.5, 6, 5.5, 3, 3, 2, 1.5, 0], color='#CD5C5C')
[ax.spines[i].set_visible(False) for i in ['top', 'right']]
ax.set_title(" 任务甘特图 ")
ax.set_xlabel(" 日期 ")
ax.grid(alpha=0.5, axis='x')
plt.show()
```

运行程序，效果如图 8-11 所示。

图 8-11 中，每个深灰色的条形代表任务的周期，条形越长代表周期越长。由图 8-11 可知，

"实地执行"任务的周期最长，共计 3 天。

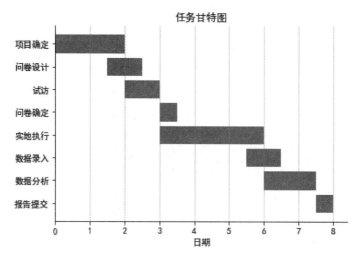

图 8-11　某新项目 8 个任务及各任务周期的甘特图

8.6　绘制人口金字塔图

人口金字塔图是指用类似古埃及金字塔的形象描述人口年龄与性别分布状况的图形，用于表现人口的现状及其发展类型。人口金字塔图一般以年龄为纵轴、人口数为横轴，按年龄自然顺序自下而上在纵轴左侧和右侧绘制并列的横向矩形条，纵轴左侧为男，右侧为女。例如，2019 年统计的中国人口金字塔图如图 8-12 所示。

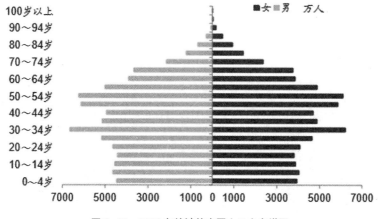

图 8-12　2019 年统计的中国人口金字塔图

由图 8-12 可知，人口金字塔图左侧的一组矩形条代表各年龄段男性的人口数，右侧的一组矩形条代表各年龄段女性的人口数。pyplot 可以使用 barh() 函数绘制人口金字塔图。

2018 年中国国家统计局对某城市的人口进行抽样调查，并将调查后的结果整理到 population.xlsx 文件中，具体如图 8-13 所示。

需要说明的是，图 8-13 的表格中 Number 一列为男性和女性的人口数，其中男性的数据是一组负数，这是因为代表男性人口数的矩形条位于人口金字塔图中 x 轴坐标原点的左侧。

A	B	C
AgeGroup	**Gender**	**Number**
0~9	Male	-70812
10~19	Male	-64963
20~29	Male	-89947
30~39	Male	-86653
40~49	Male	-98391
50~59	Male	-79226
60~69	Male	-59308
70~79	Male	-26564
80~89	Male	-9418
90+	Male	-791
0~9	Female	60814
10~19	Female	55015
20~29	Female	83940
30~39	Female	84858
40~49	Female	94798
50~59	Female	77357
60~69	Female	60288
70~79	Female	28578
80~89	Female	11897
90+	Female	1628

图 8-13　population.xlsx 文件

下面使用 pandas 读取 population.xlsx 文件的数据，并根据读取的数据绘制人口金字塔图，示例代码如下。

```
In [6]:
import numpy as np
import pandas as pd
import matplotlib.pyplot as plt
plt.rcParams['font.sans-serif'] = 'SimHei'
plt.rcParams['axes.unicode_minus'] = False
df = pd.read_excel(r'C:\Users\admin\Desktop\population.xlsx')
df_male = df.groupby(by='Gender').get_group('Male')
list_male = df_male['Number'].values.tolist()        # 将 ndarray 转换为 list
df_female = df.groupby(by='Gender').get_group('Female')
list_female = df_female['Number'].values.tolist()  # 将 ndarray 转换为 list
df_age = df.groupby('AgeGroup').sum()
count = df_age.shape[0]
y = np.arange(1, 11)
labels = []
for i in range(count):
    age = df_age.index[i]
    labels.append(age)
fig = plt.figure()
ax = fig.add_subplot(111)
# 绘制人口金字塔图
ax.barh(y, list_male, tick_label=labels, label='男', color='#6699FF')
ax.barh(y, list_female, tick_label=labels, label='女', color='#CC6699')
ax.set_ylabel("年龄段（岁）")
ax.set_xticks([-100000, -75000, -50000, -25000,
               0, 25000, 50000, 75000, 100000])
ax.set_xticklabels(['100000', '75000', '50000', '25000',
                    '0', '25000', '50000', '75000', '100000'])
ax.set_xlabel("人数")
ax.set_title('某城市人口金字塔')
ax.legend()
plt.show()
```

运行程序，效果如图 8-14 所示。

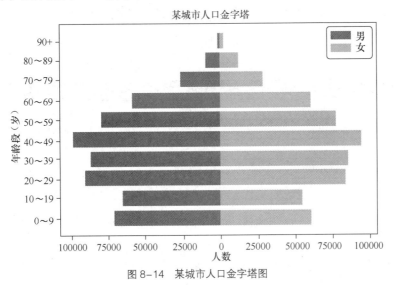

图 8-14　某城市人口金字塔图

图 8-14 中，左侧的矩形条代表不同年龄段的男性人口数量，右侧的矩形条代表不同年龄段的女性人口数量。由图 8-14 可知，各年龄段男性人口的数量与女性人口的数量相差不大，且位于 40 ~ 49 岁年龄段的人口数量最多。

8.7　绘制漏斗图

漏斗图亦称为倒三角图，它主要用于表现业务流程中的转化情况。在漏斗图中，条形或梯形的面积表示业务流程中一个环节的业务量与上一环节之间的差异，它通过展示业务流程中每个环节数据的变化情况，可以帮助运营人员快速发现问题，适用于业务流程较为规范、周期长、环节多的流程分析的场景。例如，某电商平台各环节的客户转换率如图 8-15 所示。

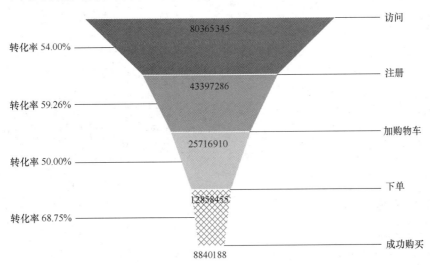

图 8-15　某电商平台各环节的客户转换率的漏斗图

pyplot 可以直接使用 barh() 函数绘制漏斗图。

假设某电商平台为了分析客户的行为，统计了每个环节的客户转化率，得出各环节的客户转化率如表 8-2 所示。

表 8-2　某电商平台各环节的客户转化率

环节	转化率
访问商品	100%
加购物车	50%
生成订单	30%
支付订单	20%
完成交易	15%

根据表 8-2 的数据绘制一个由矩形条和线段组成的简易版漏斗图，示例代码如下。

```
In [7]:
import numpy as np
import matplotlib.pyplot as plt
plt.rcParams['font.sans-serif'] = 'SimHei'
plt.rcParams['axes.unicode_minus'] = False
num = 5
height = 0.5
x1 = np.array([1000, 500, 300, 200, 150])    # 各环节的客户数量
x2 = np.array((x1.max() - x1) / 2)
x3 = [i+j for i, j in zip(x1, x2)]
x3 = np.array(x3)
y = -np.sort(-np.arange(num))        # 倒转 y 轴
labels=['访问商品', '加购物车', '生成订单', '支付订单', '完成交易']
fig = plt.figure(figsize=(10, 8))
ax = fig.add_subplot(111)
# 绘制条形图
rects1 = ax.barh(y, x3, height, tick_label=labels, color='g', alpha=0.5)
# 绘制辅助条形图
rects2 = ax.barh(y, x2, height, color='w', alpha=1)
ax.plot(x3, y, 'black', alpha=0.7)
ax.plot(x2, y, 'black', alpha=0.7)
# 添加无指向型注释文本
notes = []
for i in range(0, len(x1)):
    notes.append('%.2f%%'%((x1[i] / x1[0]) * 100))
for rect_one, rect_two, note in zip(rects1, rects2, notes):
    text_x = rect_two.get_width() + (rect_one.get_width()
            - rect_two.get_width()) / 2 - 30
    text_y = rect_one.get_y() + height / 2
    ax.text(text_x, text_y, note, fontsize=12)
# 隐藏轴脊和刻度
ax.set_xticks([])
for direction in ['top', 'left', 'bottom', 'right']:
    ax.spines[direction].set_color('none')
ax.yaxis.set_ticks_position('none')
plt.show()
```

运行程序，效果如图 8-16 所示。

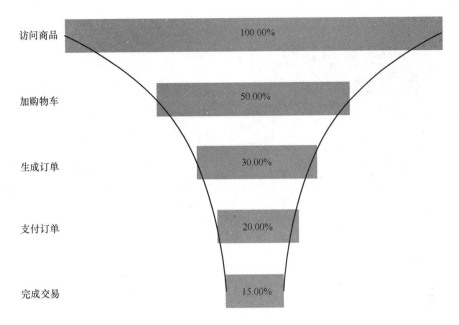

图 8-16 某电商平台各环节的客户转化率的漏斗图

图 8-16 中，漏斗图的矩形条的长短代表着转化率的多少。由图 8-16 可知，最终完成交易的客户转化率为 15%。

8.8 绘制桑基图

桑基图亦称为桑基能量分流图、桑基能量平衡图，是一种特定类型的流程图，用于展示数据的"流动"变化。桑基图中包含若干条从左到右延展的分支，每条分支的宽度代表着数据流量的大小，且所有主支宽度的总和等于所有分支宽度的总和，常见于能源、材料成分等场景或金融领域。例如，中国 2012 年能源的流动状况如图 8-17 所示。

matplotlib.sankey 模块中专门提供了表示桑基图的类 Sankey，通过创建 Sankey 类的对象可以创建桑基图，之后可以调用 add() 方法为桑基图添加一些配置选项，最后调用 finish() 方法完成桑基图的绘制。下面将分步骤介绍桑基图的绘制过程，具体内容如下。

1. 创建桑基图

matplotlib 中使用构造方法 Sankey() 创建桑基图。Sankey() 方法的语法格式如下所示：

```
Sankey(ax=None, scale=1.0, unit='', format='%G', gap=0.25, radius=0.1,
        shoulder=0.03, offset=0.15, head_angle=100, margin=0.4,
        tolerance=1e-06, **kwargs)
```

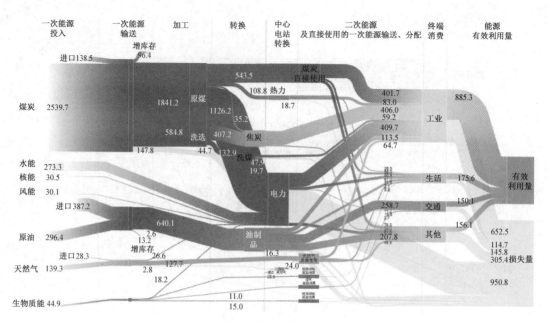

图 8-17   中国 2012 年能源的流动状况桑基图

该方法常用参数的含义如下。

· ax：若不提供该参数，则会创建一个新的坐标轴。

· scale：表示流量比例因子，用于按比例调整分支的宽度。

· unit：表示与流量相关的物理单位的字符串。若设为 None，则不会做数量标记。

· gap：表示进入或离开顶部或底部的分支间距，默认为 0.25。

例如，创建一个桑基图的代码如下。

```
sankey = Sankey(gap=0.3)
```

需要说明的是，若开发者需要绘制较为复杂的桑基图，则应使用无参构造方法创建 Sankey 实例，之后再使用 add() 方法进行配置。

2. 添加桑基图的选项

Sankey 类对象可以调用 add() 方法为桑基图添加数据流量、标签等选项。add() 方法的语法格式如下所示：

```
add(self, patchlabel='', flows=None, orientations=None, labels='',
    trunklength=1.0, pathlengths=0.25, prior=None, connect=(0, 0),
    rotation=0, **kwargs)
```

该方法常用参数的含义如下。

· patchlabel：表示位于图表中心的标签。

· flows：表示流量数据的数组，其中投入数据为正值，产生数据为负值。

· orientations：表示流的方向列表或用于所有流的单个方向，可以取值为 0（从左侧输入、右侧输出）、1（从顶部到顶部）或 -1（从底部到底部）。

· labels：表示流的标签列表或用于所有流的单个标签。

· trunklength：表示输入组和输出组的基之间的长度。

例如，为刚刚创建的桑基图 sankey 添加流的数据和标签，具体代码如下。

```
flows =[0.7, 0.3, -0.3, -0.1, -0.3, -0.1, -0.1, -0.1]
labels = ["工资", "副业", "生活", "购物", "深造", "运动", "其他", "买书"]
sankey.add(flows=flows, labels=labels)
```

3. 返回桑基图绘制完成的对象

Sankey 类对象在添加数据之后需要调用 finish() 方法完成绘制，并返回包含多个桑基子图的列表。桑基子图包含以下字段。

- patch：表示桑基子图的轮廓。
- flows：表示流量值（输入为正，输出为负）。
- angles：表示箭头角度的列表。
- tips：表示流路径的尖端或凹陷位置的数组，其中每一行是一个 (x, y)。
- text：表示中心标签的 Text 实例。
- texts：表示流分支标签的 Text 实例。

假设现在小明家日常生活的开支主要分为工资、副业、生活、购物、深造、运动、其他和买书几类，且其中每项投入或产出值分别为 0.7、0.3、–0.3、–0.1、–0.3、–0.1、–0.1、–0.1。下面结合这些日常生活开支的数据绘制一个桑基图，示例代码如下。

```
In [8]:
import matplotlib.pyplot as plt
from matplotlib.sankey import Sankey
plt.rcParams["font.sans-serif"] = ["SimHei"]
plt.rcParams["axes.unicode_minus"] = False
# 消费收入与支出数据
flows = [0.7, 0.3, -0.3, -0.1, -0.3, -0.1, -0.1, -0.1]
# 流的标签列表
labels = ["工资", "副业", "生活", "购物", "深造", "运动", "其他", "买书"]
# 流的方向
orientations = [1, 1, 0, -1, 1, -1, 1, 0]
# 创建 Sankey 类对象
sankey = Sankey()
# 为桑基图添加数据
sankey.add(flows=flows,                     # 收入与支出数据
           labels=labels,                   # 数据标签
           orientations=orientations,       # 标签显示的方向
           color="black",                   # 边缘线条颜色
           fc="lightgreen",                 # 填充颜色
           patchlabel="生活消费",            # 图表中心的标签
           alpha=0.7)                       # 透明度
# 桑基图绘制完成的对象
diagrams = sankey.finish()
diagrams[0].texts[4].set_color("r")         # 将下标为 4 的数据标签设为红色
diagrams[0].texts[4].set_weight("bold")     # 将下标为 4 的数据标签设为字体加粗
diagrams[0].text.set_fontsize(20)           # 将中心标签的字体大小设为 20
diagrams[0].text.set_fontweight("bold")     # 将中心标签的字体设为加粗
plt.title("日常生活开支的桑基图")
plt.show()
```

运行程序，效果如图 8-18 所示。

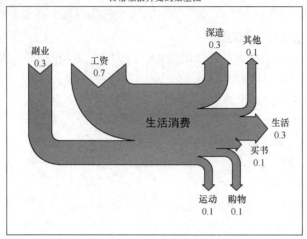

图 8-18　日常生活开支的桑基图

图 8-18 中，桑基图的各个分支代表生活消费的每个选项，其中分支末端呈内凹形状的分支代表收入的数据，呈箭头形状的分支代表支出的数据。由图 8-18 可知，工资和副业这 2 个选项代表的分支均属于生活消费的收入数据，其余选项的分支均属于生活消费的支出数据，且深造选项的支出最多。

8.9　绘制树状图

树状图亦称为树枝状图，是一种通过树状结构描述父子成员层次结构的图形。树形图的形状一般是一个上下颠倒的树，其根部是一个没有父成员的根节点，之后从根节点开始用线连接子成员，使子成员变为子节点，直至线的末端为没有子成员的树叶节点为止。树形图用于说明成员之间的关系和连接，常见于分类学、进化科学、企业组织管理等领域。例如，frog 技术专家 Paul Adams 设计的人工智能树状图（部分）如图 8-19 所示。

从图 8-19 可以看出，树状图的树叶节点经过第一层聚类形成两个类簇，即自然语言处理和机器学习，之后经过第二层聚类形成一个类簇——人工智能。

树状图的绘制需要准备聚类数据。单独使用 matplotlib 较为烦琐，因此这里可以结合 scipy 包的功能完成。scipy 是一款基于 numpy 的、专为科学和工程设计的、易于使用的 Python 包，它提供了线性代数、傅里叶变换、信号处理等丰富的功能。

scipy.cluster 模块中包含众多聚类算法，主要包括矢量量化和层次聚类两种，并分别封装到 vq 和 hierarchy 模块中。hierarchy 模块中提供了一系列聚类的功能，可以轻松生成聚类数据并绘制树状图。下面介绍 hierarchy 模块的常用函数。

1. dendrogram() 函数

dendrogram() 函数用于将层次聚类数据绘制为树状图，其语法格式如下所示：

```
dendrogram(Z, p=30, truncate_mode=None, color_threshold=None,
           get_leaves=True, orientation='top', labels=None,
           count_sort=False, distance_sort=False,
           show_leaf_counts=True, **kwargs)
```

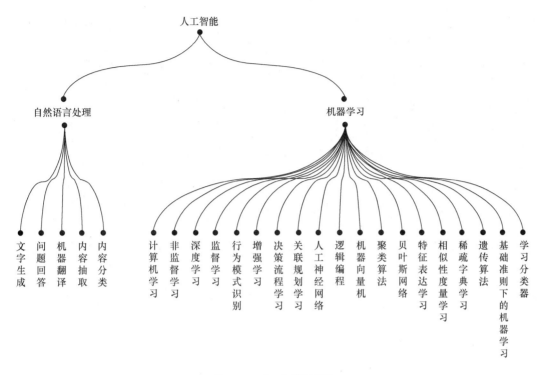

图 8-19　人工智能树状图

该函数常用参数的含义如下。

· Z：表示编码层次聚类的链接矩阵。

· truncate_mode：表示截断的模式，用于压缩因观测矩阵过大而难以阅读的树状图，可以取值为 None（ 不执行截断，默认 ）、'lastp'、'level'。

· color_threshold：表示颜色阈值。

· labels：表示节点对应的文本标签。

2. linkage() 函数

linkage() 函数用于将一维压缩距离矩阵或二维观测向量阵列进行层次聚类或凝聚聚类，其语法格式如下所示：

```
linkage(y, method='single', metric='euclidean', optimal_ordering=False)
```

该函数常用参数的含义如下。

（1）y：可以是一维距离向量或二维的坐标矩阵。

（2）method：表示计算类簇之间距离的方法，常用的取值可以为 'single'、'complete'、'average' 和 'ward'，各取值具体含义如下。

· 'single'：表示将类簇与类簇之间最近的距离作为类簇间距。

· 'complete'：表示将类簇与类簇之间最远的距离作为类簇间距。

· 'average'：表示将类簇与类簇之间的平均距离作为类簇间距。

· 'ward'：表示将每个类簇的方差最小化作为类簇间距。

linkage() 函数会返回编码层次聚类的链接矩阵。

美国对各州的谋杀、暴力、爆炸等犯罪案件的数量进行了统计，并将统计后的结果整理到 USArrests.xlsx 文件中。下面使用 pandas 读取 USArrests.xlsx 文件的数据，并将犯罪案例数量相似度高的州进行聚类后绘制一个树状图，示例代码如下。

```
In [9]:
import pandas as pd
import matplotlib.pyplot as plt
import scipy.cluster.hierarchy as shc
plt.rcParams['font.sans-serif'] = ['SimHei']
plt.rcParams['axes.unicode_minus'] = False
df = pd.read_excel(r'C:\Users\admin\Desktop\USArrests.xlsx')
plt.figure(figsize=(10, 6), dpi= 80)
plt.title(" 美国各州犯罪案件的树状图 ", fontsize=12)
# 绘制树状图
dend = shc.dendrogram(shc.linkage(df[['Murder', 'Assault', 'UrbanPop']],
        method='ward'), labels=list(df.State.values), color_threshold=100)
plt.xticks(fontsize=10.5)
plt.ylabel(' 案例数量 ')
plt.show()
```

运行程序，效果如图 8-20 所示。

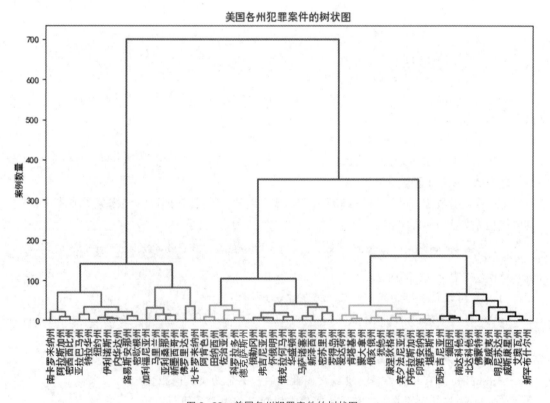

图 8-20　美国各州犯罪案件的树状图

由图 8-20 可知，美国各州的犯罪案件经过聚类形成若干个簇。

8.10　绘制华夫饼图

华夫饼图亦称为直角饼图，它是饼图的变体，可以直观展示部分与整体的比例。华夫饼图一般由 100 个方格组成，其中每个方格代表 1%，方格不同的颜色代表不同的分类，常见于比较同类型指标完成比例的场景，例如电影上座率、公司业务实际完成率等。某影院统计的电影《头号玩家》与《黑豹》的上座率如图 8-21 所示。

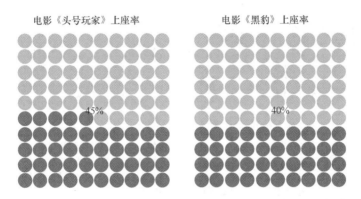

图 8-21　电影《头号玩家》与《黑豹》的上座率的华夫饼图

matplotlib 中并未提供华夫饼图的绘制函数，但可以结合 pywaffle 包绘制华夫饼图。下面介绍 pywaffle 包的安装和使用方法。

1. pywaffle 的安装

开发者可以直接使用 pip 命令安装 pywaffle 包。打开命令提示符工具，在提示符的后面输入如下命令：

```
pip install pywaffle
```

以上命令执行后，若命令提示符窗口出现如下字样，说明 pywaffle 包安装完成：

```
Installing collected packages: pywaffle
Successfully installed pywaffle-0.4.1
```

安装完成后，在提示符的后面输入 python，之后输入如下导入语句进行验证：

```
from pywaffle import Waffle
```

执行以上语句后，若命令提示符窗口没有出现任何错误信息，说明 pywaffle 安装成功，否则说明安装失败。

2. pywaffle 的使用

pywaffle 是 Python 中专门绘制华夫饼图的包，它提供了一个继承自 Figure 的子类 Waffle，通过将 Waffle 类传递给 figure() 函数的 FigureClass 参数即可创建华夫饼图。figure() 函数中创建华夫饼图的常用参数的含义如下。

· FigureClass：可以是 Figure 类或 Figure 子类。
· rows：表示华夫饼图的行数。

· columns：表示华夫饼图的列数。

· values：表示数据，可以接收数组或字典。若 values 参数接收一个字典，则将字典的键作为华夫饼图的图例项。

· colors：表示每个分类数据的颜色列表。

· vertical：表示是否按垂直方向绘制华夫饼图，默认为 False。

· title：表示标题，可以接收一个字典，其中字典的键为 title() 函数的关键字参数。

· legend：表示图例，可以接收一个字典，其中字典的键为 legend() 函数的关键字参数。

例如，创建一个 10 行 10 列的华夫饼图，具体代码如下。

```
plt.figure(
    FigureClass=Waffle,      # 指定画布类为 Waffle
    rows=10,                 # 行数设为 10
    columns=10,              # 列数设为 10
    values=[45, 55]          # 一组数据
)
```

假设某影院于周六上映了电影《少年的你》，并统计了 1 号观影厅的上座率。下面结合 matplotlib 和 pywaffle 绘制一个说明 1 号厅上座率的华夫饼图，示例代码如下。

```
In [10]:
import matplotlib.pyplot as plt
from pywaffle import Waffle
plt.rcParams['font.sans-serif'] = 'SimHei'
plt.rcParams['axes.unicode_minus'] = False
# 绘制华夫饼图
plt.figure(FigureClass=Waffle, rows=10, columns=10,
           values=[95, 5],vertical=True, colors=['#20B2AA', '#D3D3D3'],
           title={'label': '电影《少年的你》上座率'},
           legend={'loc': 'upper right', 'labels': ['占座', '空座']}
)
plt.show()
```

运行程序，效果如图 8-22 所示。

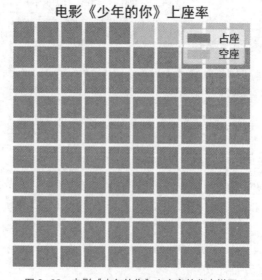

图 8-22　电影《少年的你》上座率的华夫饼图

图 8-22 中华夫饼图总共由 100 个方格组成，其中绿色的方格代表上座的比例，灰色的方格代表空座的比例。由图 8-22 可知，电影《少年的你》的上座率为 95%。

8.11　本章小结

本章主要介绍了如何使用 matplotlib 绘制一些高级图表，包括等高线图、矢量场流线图、棉棒图、哑铃图、甘特图、人口金字塔图、漏斗图、桑基图、树状图、华夫饼图。通过学习本章的内容，希望大家可以了解常用的高级图表的特点，并可以绘制高级图表。

8.12　习题

一、填空题

1. 哑铃图主要用于展示两个数据点之间的_____。
2. hierarchy 模块可以轻松地生成聚类数据并绘制_____。
3. 人口金字塔图一般以_____为纵轴、人口数为横轴。
4. pyplot 可以使用_____函数绘制等高线图。
5. 棉棒图的_____表示数据点的数值。

二、判断题

1. 桑基图中所有主支宽度的总和等于所有分支宽度的总和。（　　）
2. 华夫饼图一般由 100 个方格组成，其中每个方格代表 2%。（　　）
3. 矢量场的强度只能使用线条的长度来表示。（　　）
4. 甘特图可以展示每个项目的进展情况。（　　）
5. 漏斗图可以展示业务流程中数据的变化。（　　）

三、选择题

1. 关于高级图表，下列描述正确的是（　　）。
   A. 树状图可以展示部分与整体的比例
   B. 桑基图中每条分支的长度代表着数据流量的大小
   C. 矢量场流线图可以表现矢量场的流态
   D. 棉棒图主要比较数据点到基线之间线段的长度
2. 下列字段中，可以访问 Sankey 对象的中心标签的是（　　）。
   A. patch　　　　　　B. flows　　　　　　C. text　　　　　　D. texts
3. Sankey 类对象在添加数据之后需要调用（　　）方法完成绘制。
   A. add()　　　　　　B. finish()　　　　　C. over()　　　　　D. show()
4. 下列选项中，可以将层次聚类数据绘制成树状图的是（　　）。
   A. dendrogram()　　B. linkage()　　　　C. finish()　　　　D. stem()
5. 下列选项中，哪个的效果是一个 10 行 5 列且以垂直方向绘制的华夫饼图？（　　）
   A.

```
plt.figure(FigureClass=Waffle, rows=10, columns=5,
```

```
            values=[45, 55], vertical=True)
```

B.

```
plt.figure(FigureClass=Waffle, rows=10, columns=10,
           values=[45, 55], vertical=True)
```

C.

```
plt.figure(FigureClass=Waffle, rows=10, columns=5, values=[45, 55])
```

D.

```
plt.figure(rows=10, columns=5, values=[45, 55], vertical=True)
```

四、简答题

请简述 matplotlib 中绘制桑基图的流程。

五、编程题

1. 百度汽车热点 Top10 的搜索指数如表 8-3 所示。

表 8-3　百度汽车热点 Top10 的搜索指数

汽车热点	搜索指数
比亚迪 e5	144565
思域	114804
高合 HiPhi X	72788
LYRIQ 锐歌	70519
雅阁	68742
迈腾	65308
帕萨特	64312
朗逸	64102
凯美瑞	58219
速腾	56590

下面根据表 8-3 的数据绘制图表，具体要求如下：

（1）绘制汽车热点 Top10 搜索指数的棉棒图；

（2）棉棒图的 x 轴为汽车热点，y 轴为搜索指数，y 轴的标签为"搜索指数"；

（3）棉棒图的茎头上方添加无指向型注释文本，用于标注搜索指数。

2. 已知小兰当月日常生活的收支明细如表 8-4 所示。

表 8-4　小兰当月日常生活的收支明细

收支明细	金额（元）
旅行	−2000
深造	−5000
生活	−4000
购物	−1000

续表

收支明细	金额（元）
聚餐	−500
收入	+20000
人情往来	−500
其他	−200

根据表 8-4 的数据绘制小兰当月日常生活的收支明细的桑基图。

P ython 数据可视化

第 9 章

数据可视化后起之秀——pyecharts

学习目标

★ 了解 pyecharts 的优势，并在本机环境中安装 pyecharts

★ 掌握 pyecharts 的基础知识，包括图表类、配置项和渲染图表

★ 掌握 pyecharts 的常用图表，可以熟练地使用 pyecharts 绘制常用图表

★ 掌握 pyecharts 的组合图表，可以熟练地使用 pyecharts 绘制组合图表

★ 熟悉 pyecharts 主题，可以定制图表的主题

★ 熟悉 pyecharts 与 Web 框架的整合，可以在 Django 项目中绘制图表

拓展阅读

matplotlib 作为 Python 中著名的基础绘图库，它具有极其丰富的可视化功能，但仍存在诸多不足，例如图表无法与用户交互、API 过于复杂等。为此，Python 中引入了数据可视化神器——pyecharts 库，使用 pyecharts 可以快速生成效果惊艳的 Echarts 图表。下面将对 pyecharts 库的相关知识进行详细介绍。

9.1　pyecharts 概述

自 2013 年 6 月百度 EFE（Excellent FrontEnd）数据可视化团队研发的 ECharts 1.0 发布到 GitHub 网站以来，ECharts 一直备受业界权威的关注并获得广泛好评，成为目前成熟且流行的数据可视化图表工具，被应用到诸多数据可视化的开发领域。Python 作为数据分析领域最受欢迎的语言，也加入 ECharts 的使用行列，并研发出方便 Python 开发者使用的数据可视化工具，由此便诞生了 pyecharts 库。

pyecharts 是一个针对 Python 用户开发的、用于生成 ECharts 图表的库，与 matplotlib 相比，pyecharts 具有以下优势：

（1）简洁的 API 使开发者使用起来非常便捷，且支持链式调用。

（2）程序可在主流的 Jupyter Notebook 或 JupyterLab 工具上运行。

（3）程序可以轻松地集成至 Flask、Sanic、Django 等主流的 Web 框架中。

（4）灵活的配置项可以轻松搭配出精美的图表。

（5）详细的文档和示例可以帮助开发者快速地上手。

（6）400 多个地图文件、原生百度地图为地理数据可视化提供强有力的支撑。

在使用 pyecharts 进行开发之前，开发者需要先在本地计算机中安装 pyecharts。pyecharts 官方支持 v0.5.x 和 v1 两个版本，两个版本之间互不兼容。其中，v0.5.x 是较早的版本，且已经停止维护；v1 是一个全新的版本，它支持 Python3.6 以上的开发环境。截至目前，pyecharts 的最新版本为 1.5.1。

下面将演示如何在 Anaconda 中安装 pyecharts 1.5.1。打开 Anaconda Prompt 工具，在提示符的后面输入如下命令：

```
conda install pyecharts
```

以上命令执行后，若 Anaconda Prompt 窗口中出现如下信息，表明 pyecharts 安装完成：

```
...省略 N行...
Installing collected packages: prettytable, simplejson, pyecharts
Successfully installed prettytable-0.7.2 pyecharts-1.5.1 simplejson-3.16.0
...省略 N行...
```

安装完成后，在命令提示符后面输入 python，之后输入如下导入语句：

```
from pyecharts.charts import Bar
```

执行以上语句后，若 Anaconda Prompt 窗口没有出现任何错误信息，说明 pyecharts 安装成功，否则说明安装失败。

▌ 多学一招：ECharts

ECharts（Enterprise Charts，商业产品图表库）是一个使用 JavaScript 编写的、开源的数据可视化图表库，它提供了一系列直观且生动的、可交互的、可高度个性化定制的图表，可以流畅地运行在 PC 和移动设备上，并且兼容当前绝大部分浏览器（IE8/9/10/11、Chrome、Firefox、Safari 等）。

ECharts 的底层基于 ZRender（二维绘图引擎，支持 Canvas、SVG、VML 等多种渲染方法）创建了坐标系、图例、提示框等基础组件，并基于这些组件创建了丰富的图表，包括：常见的折线图、柱形图、散点图、饼图等；用于地理数据可视化的统计地图、热力图等；用于关系数据可视化的树状图、旭日图；用于多维数据可视化的平行坐标；用于 BI（Business Intelligence, 商业智能）的漏斗图、仪表盘，还有任意混搭展现的组合图表。

下面是一个由 ECharts 生成的气泡图，如图 9-1 所示。

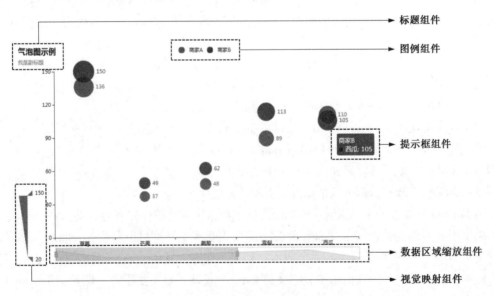

图 9-1　ECharts 气泡图

图 9-1 的气泡图包括 5 个公共组件，分别为标题组件、图例组件、提示框组件、数据区域缩放组件、视觉映射组件。每个组件的具体介绍如下。

（1）标题组件：包括主标题和副标题，位于图表的左上角。例如，气泡图的主标题为"气泡图示例"，副标题为"我是副标题"。

（2）图例组件：位于图表的顶部中心位置，用户通过单击可显示或隐藏图例项对应的图形。例如，单击气泡图中"商家 A"的图例项会隐藏全部红色的圆形。

（3）提示框组件：用于显示鼠标悬浮在图形上的提示内容。例如，气泡图中显示蓝色圆点的所属分类及数值信息的灰底浮层。

（4）数据区域缩放组件：用于供用户选择关注细节的数据信息、概览图形数据的整体或去除离群点的影响，可细分为内置型数据区域缩放组件、滑动条型数据区域缩放组件、框选型数据区域缩放组件，每种组件的具体介绍如下。

· 内置型数据区域缩放组件：位于坐标系中，可供用户通过鼠标拖曳、鼠标滚轮、手指滑动（触屏上）的方式缩放或漫游坐标系。

· 滑动条型数据区域缩放组件：包括单独的滑动条，可供用户通过拖动滑块的方式缩放或漫游坐标系。

· 框选型数据区域缩放组件：可供用户通过鼠标框选的方式缩放数据区域。

（5）视觉映射组件：标识某一数值范围内数值及颜色对应关系的控件，可细分为分段型视觉映射组件和连续型视觉映射组件。用户可以通过拖曳滑块或单击分组的方式选择数值范围，以达到筛选显示此数值范围对应的图形数据的目的。例如，拖曳气泡图中视觉映射组件的滑块至 100 的位置后，隐藏了数值大于 100 的圆形。

除了这些公共组件，还有很多其他可供用户交互的组件，例如时间线等，大家可到pyecharts 官网进行深入学习，此处不再赘述。

9.2　pyecharts 基础知识

9.2.1　快速绘制图表

pyecharts 提供了简单的 API 和众多示例，可以帮助开发人员快速开发项目。下面使用pyecharts 快速绘制一个柱形图，示例代码如下。

```
In [1]:
from pyecharts.charts import Bar
from pyecharts import options as opts
# 创建 Bar 类的对象，并指定画布的大小
bar = Bar(init_opts=opts.InitOpts(width='600px', height='300px'))
# 添加 x 轴和 y 轴的数据
bar.add_xaxis(["衬衫", "羊毛衫", "雪纺衫", "裤子", "高跟鞋", "袜子"])
bar.add_yaxis("商家 A", [5, 20, 36, 10, 75, 90])
# 设置标题、y 轴标签
bar.set_global_opts(title_opts=opts.TitleOpts(title="柱形图示例"),
                    yaxis_opts=opts.AxisOpts(name="销售额（万元）",
                    name_location="center", name_gap=30))
bar.render_notebook()
```

以上示例首先从 pyecharts.charts 模块中导入了表示柱形图的类 Bar，从 pyecharts 中导入 options 模块，并将 options 模块取别名为 opts；其次创建了一个指定画布大小的柱形图bar，分别调用 add_xaxis() 和 add_yaxis() 方法为柱形图添加 x 轴和 y 轴的数据；然后调用

set_global_opts() 方法设置标题、y 轴标签；最后调用 render_notebook() 方法在 Jupyter Notebook 中渲染图表。

运行程序，效果如图 9-2 所示。

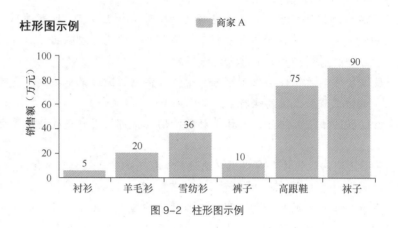

图 9-2　柱形图示例

与 matplotlib 相比，pyecharts 通过更少的代码便绘制了带有标题、图例、注释文本的柱形图。

┃┃┃ 多学一招：链式调用

pyecharts 在 v1 版本中增加了链式调用的功能。链式调用是指简化同一对象多次访问属性或调用方法的编码方式，以避免多次重复使用同一个对象变量，使代码变得简洁、易懂。

例如，将 9.2.1 节的示例代码改为链式调用的写法，改后的代码如下。

```
In [2]:
from pyecharts.charts import Bar
from pyecharts import options as opts
bar = (
    Bar(init_opts=opts.InitOpts(width='600px', height='300px'))
    .add_xaxis(["衬衫", "羊毛衫", "雪纺衫", "裤子", "高跟鞋", "袜子"])
    .add_yaxis("商家A", [5, 20, 36, 10, 75, 90])
    .set_global_opts(title_opts=opts.TitleOpts(title="柱形图示例"),
                     yaxis_opts=opts.AxisOpts(name="销售额（万元）",
                     name_location="center", name_gap=30))
)
bar.render_notebook()
```

9.2.2　认识图表类

pyecharts 支持绘制 30 余种丰富的 ECharts 图表，针对每种图表均提供了相应的类，并将这些图表类封装到 pyecharts.charts 模块中，例如 9.2.1 节的示例中表示柱形图的 Bar 类。pyecharts.charts 模块的常用图表类如表 9-1 所示。

表 9-1 pyecharts.charts 模块的常用图表类

类	说明
Line	折线图
Bar	柱形图 / 条形图
Pie	饼图
Scatter	散点图
EffectScatter	带有涟漪特效动画的散点图
Boxplot	箱形图
Radar	雷达图
Line3D	3D 折线图
Bar3D	3D 柱形图
Scatter3D	3D 散点图
Surface3D	3D 曲面图
Map	统计地图
HeatMap	热力图
Funnel	漏斗图
Gauge	仪表盘
Sankey	桑基图
Tree	树状图

表 9-1 中列举的所有类均继承自 Base 基类，它们都可以使用与类同名的构造方法创建实例。例如，Bar 类的构造方法的语法格式如下：

```
Bar(init_opts=opts.InitOpts())
```

以上方法的 init_opts 参数表示初始化配置项，该参数需要接收一个 InitOpts 类的对象，通过构建的 InitOpts 类的对象为图表指定一些通用的属性，例如背景颜色、画布大小等。

例如，9.2.1 节的示例中创建的指定画布大小的 Bar 类的对象，具体代码如下所示。

```
bar = Bar(init_opts=opts.InitOpts(width='600px', height='300px'))
```

9.2.3 认识配置项

pyecharts 遵循"先配置后使用"的基本原则。pyecharts.options 模块中包含众多关于定制图表组件及样式的配置项。按照配置内容的不同，配置项可以分为全局配置项和系列配置项。

1. 全局配置项

全局配置项是一些针对图表通用属性的配置项，包括初始化属性、标题组件、图例组件、工具箱组件、视觉映射组件、提示框组件、数据区域缩放组件，其中每个配置项都对应一个类。pyecharts 的全局配置项如表 9-2 所示。

表 9-2　pyecharts 的全局配置项

类	说明
InitOpts	初始化配置项
AnimationOpts	ECharts 画图动画配置项
ToolBoxFeatureOpts	工具箱工具配置项
ToolboxOpts	工具箱配置项
BrushOpts	区域选择组件配置项
TitleOpts	标题配置项
DataZoomOpts	数据区域缩放配置项
LegendOpts	图例配置项
VisualMapOpts	视觉映射配置项
TooltipOpts	提示框配置项
AxisLineOpts	坐标轴轴脊配置项
AxisTickOpts	坐标轴刻度配置项
AxisPointerOpts	坐标轴指示器配置项
AxisOpts	坐标轴配置项
SingleAxisOpts	单轴配置项
GraphicGroup	原生图形元素组件

以上每个类都可以通过与之同名的构造方法创建实例，例如 9.2.1 节的示例中创建的 InitOpts 类的对象。每个类的构造方法的参数各有不同，由于篇幅有限，大家可以自行阅读 pyecharts 官方文档，此处不再赘述。

若 pyecharts 需要为图表设置全局配置项（InitOpts 除外），则需要将全局配置项传入 set_global_opts() 方法。set_global_opts() 方法的语法格式如下：

```
set_global_opts(self, title_opts=opts.TitleOpts(),
    legend_opts=opts.LegendOpts(), tooltip_opts=None,
    toolbox_opts=None, brush_opts=None, xaxis_opts=None,
    yaxis_opts=None, visualmap_opts=None, datazoom_opts=None,
    graphic_opts=None, axispointer_opts=None)
```

该方法各参数的含义如下。

· title_opts：表示标题组件的配置项。

· legend_opts：表示图例组件的配置项。

· tooltip_opts：表示提示框组件的配置项。

· toolbox_opts：表示工具箱组件的配置项。

· brush_opts：表示区域选择组件的配置项。

· xaxis_opts，yaxis_opts：表示 x 轴、y 轴的配置项。

· visualmap_opts：表示视觉映射组件的配置项。

· datazoom_opts：表示数据区域缩放组件的配置项。

· graphic_opts：表示原生图形元素组件的配置项。

· axispointer_opts：表示坐标轴指示器组件的配置项。

例如 9.2.1 节的示例中设置的柱形图的标题，代码如下：

```
bar.set_global_opts(title_opts=opts.TitleOpts(title=" 柱形图示例 "))
```

2. 系列配置项

系列配置项是一些针对图表特定元素属性的配置项，包括图元样式、文本样式、标签、线条样式、标记样式、填充样式等，其中每个配置项都对应一个类。pyecharts 的系列配置项如表 9-3 所示。

表 9-3　pyecharts 的系列配置项

类	说明
ItemStyleOpts	图元样式配置项
TextStyleOpts	文本样式配置项
LabelOpts	标签配置项
LineStyleOpts	线条样式配置项
SplitLineOpts	分割线配置项
MarkPointOpts	标记点配置项
MarkLineOpts	标记线配置项
MarkAreaOpts	标记区域配置项
EffectOpts	涟漪特效配置项
AreaStyleOpts	区域填充样式配置项
SplitAreaOpts	分隔区域配置项
GridOpts	直角坐标系网格配置项

以上每个类都可以通过与之同名的构造方法创建实例。例如，创建一个标签配置项，代码如下：

```
label_opts = opts.LabelOpts(is_show=True, position='right',
                            color='gray', font_size=14, rotate=10)
```

以上示例中，LabelOpts() 方法的参数 is_show 设为 True，表示显示标签；参数 position 设为 'right'，表示标注于图形右侧；参数 color 设为 'gray'，表示标签文本的颜色为灰色；参数 font_size 设为 14，说明标签文本的字体大小为 14 号；参数 rotate 设为 10，说明标签逆时针旋转 10°。

若 pyecharts 需要为图表设置系列配置项，则需要将系列配置项传入 add() 或 add_××() 方法（直角坐标系图表一般使用 add_yaxis() 方法）中。例如，隐藏 9.2.1 节的柱形图示例的注释文本，改后的代码如下：

```
bar.add_yaxis(" 商家 A", [5, 20, 36, 10, 75, 90],
              label_opts=opts.LabelOpts(is_show=False))
```

多学一招：创建配置项

pyecharts 可以通过构造方法或字典两种方式创建配置项，两者是等价的。

例如，创建一个指定画布大小的柱形图，代码如下：

```
bar = Bar(init_opts=opts.InitOpts(width="600px", height="300px"))
```

以上示例等价于：

```
bar = Bar(dict(width="600px", height="300px"))
# 或者
bar = Bar({"width": "600px", "height": "300px"})
```

9.2.4　渲染图表

图表基类 Base 主要提供了两个渲染图表的方法：render() 和 render_notebook()。具体介绍如下。

1. render() 方法

render() 方法用于将图表渲染到 HTML 文件，默认为位于程序根目录的 render.html 文件。render() 方法的语法格式如下：

```
render(self, path="render.html", template_name="simple_chart.html",
       env=None, **kwargs)
```

以上方法中的参数 path 表示生成文件的路径，默认为 render.html；template_name 表示模板的路径。render() 方法会返回 HTML 文件的路径字符串。

2. render_notebook() 方法

render_notebook() 方法用于将图表渲染到 Jupyter Notebook 工具中，它无须接收任何参数。例如，9.2.1 节的示例中渲染图表到 Jupyter Notebook 中的代码如下：

```
bar.render_notebook()
```

9.3　绘制常用图表

pyecharts 绘制各种图表的过程大致相同，可以分为以下几步：

（1）创建图表相应类的对象；

（2）添加图表数据；

（3）添加图表系列配置项；

（4）添加图表全局配置项；

（5）渲染图表。

下面将为读者演示如何使用 pyecharts 绘制一些常见的图表，包括折线图、饼图或圆环图、散点图、3D 柱形图、统计地图、漏斗图和桑基图。

9.3.1　绘制折线图

pyecharts 的 Line 类表示折线图，该类中提供了一个 add_yaxis() 方法，使用 add_yaxis() 方

法可以为折线图添加数据和配置项。add_yaxis() 方法的语法格式如下所示：

```
add_yaxis(self, series_name, y_axis, is_selected=True,
    is_connect_nones=False, xaxis_index=None, yaxis_index=None, color=None,
    is_symbol_show=True, symbol=None, symbol_size=4, stack=None,
    is_smooth=False, is_step=False, is_hover_animation=True,
    markpoint_opts=None, markline_opts=None, tooltip_opts=None,
    label_opts=opts.LabelOpts(), linestyle_opts=opts.LineStyleOpts(),
    areastyle_opts=opts.AreaStyleOpts(), itemstyle_opts= None)
```

该方法常用参数的含义如下。

· series_name：表示系列的名称，显示于提示框和图例中。

· y_axis：表示系列数据。

· xaxis_index：表示 x 轴的索引，用于拥有多个 x 轴的单图表中。

· yaxis_index：表示 y 轴的索引，用于拥有多个 y 轴的单图表中。

· color：表示系列的注释文本的颜色。

· is_symbol_show：表示是否显示标记及注释文本，默认为 True。

· symbol：表示标记的图形，可以取值为 'circle'（圆形）、'rect'（矩形）、'roundRect'（圆角矩形）、'triangle'（三角形）、'diamond'（菱形）、'pin'（大头针）、'arrow'（箭头）、'none'（无）。

· symbol_size：表示标记的大小，可以接收单一数值，也可以接收形如 [width, height] 的数组。

· stack：表示将轴上同一类目的数据堆叠放置。

· is_smooth：表示是否使用平滑曲线。

· is_step：表示是否显示为阶梯图。

下面绘制一个折线图，展示商家 A 与商家 B 各类饮品的销售额，示例代码如下。

```
In [3]:
import pyecharts.options as opts
from pyecharts.charts import Line
line_demo = (
    Line()
    # 添加 x 轴、 y 轴的数据、 系列名称
    .add_xaxis(['可乐', '雪碧', '啤酒', '橙汁', '奶茶'])
    .add_yaxis('商家A', [102, 132, 105, 52, 90],
              symbol='diamond', symbol_size=15)
    .add_yaxis('商家B', [86, 108, 128, 66, 136],
              symbol='triangle', symbol_size=15)
    # 设置标题、 y轴标签
    .set_global_opts(title_opts=opts.TitleOpts(title="折线图示例"),
                   yaxis_opts=opts.AxisOpts(name="销售额（万元)",
                   name_location="center", name_gap=30))
)
line_demo.render_notebook()
```

运行程序，效果如图 9-3 所示。

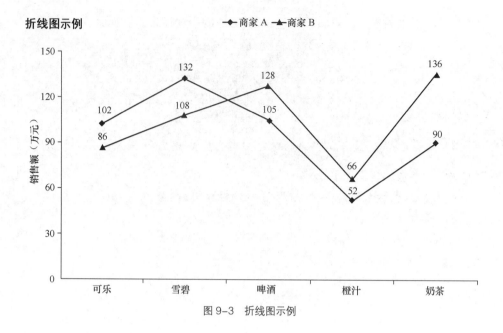

图 9-3　折线图示例

9.3.2　绘制饼图或圆环图

pyecharts 的 Pie 类表示饼图，该类中提供了一个 add() 方法，使用 add() 方法可以为饼图添加数据和配置项。add() 方法的语法格式如下：

```
add(self, series_name, data_pair, color=None, radius=None, center=None,
    rosetype=None, is_clockwise=True, label_opts=opts.LabelOpts(),
    tooltip_opts=None, itemstyle_opts=None)
```

该方法常用参数的含义如下。

· series_name：表示系列的名称，显示于提示框和图例中。

· data_pair：表示系列数据帧，可以接收形如 [(key1, value1), (key2, value2)，…] 的数据。

· radius：表示饼图的半径，可以接收一个包含两个元素的数组，其中数组的第一项为内半径，第二项为外半径。

· center：表示饼图的中心坐标。

· is_clockwise：表示饼图的扇区是否按顺时针排布。

· itemstyle_opts：表示图元样式配置项。

下面绘制一个饼图，展示某商家各品牌手机销售额的占比情况，示例代码如下。

```
In [4]:
import pyecharts.options as opts
from pyecharts.charts import Pie
pie_demo = (
    Pie()
    .add("", [(' 小米 ', 150), (' 三星 ', 20), (' 华为 ', 120), (' 苹果 ', 120),
            (' 魅族 ', 117), ('vivo', 145), ('OPPO', 128)])
    .set_global_opts(title_opts=opts.TitleOpts(title=" 饼图示例 "))
)
```

```
pie_demo.render_notebook()
```

需要说明的是，以上示例在调用 add() 方法时共传入了两个参数，其中第 1 个参数为空字符串，说明图表不会显示图例信息；第 2 个参数为一个包含多个元组的列表，元组的第 1 个元素作为图例项，第 2 个元素作为图例项对应的数据，说明图表会显示图例信息。

运行程序，效果如图 9-4 所示。

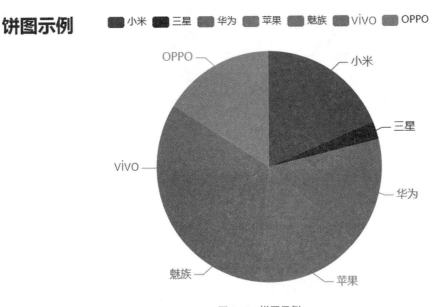

图 9-4 饼图示例

除此之外，pyecharts 还可以使用 Pie() 创建一个圆环图，只需要在调用 add() 方法时将内半径和外半径传入 radius 参数即可。以上示例改后的代码如下。

```
In [5]:
import pyecharts.options as opts
from pyecharts.charts import Pie
pie_demo = (
    Pie()
    # 添加数据
    .add("", [('小米', 150), ('三星', 20), ('华为', 120),
             ('苹果', 120), ('魅族', 117), ('vivo', 145),
             ('OPPO', 128)], center=["50%", "50%"], radius=[100, 160])
    # 设置标题
    .set_global_opts(title_opts=opts.TitleOpts(title="圆环图示例"))
)
pie_demo.render_notebook()
```

再次运行程序，效果如图 9-5 所示。

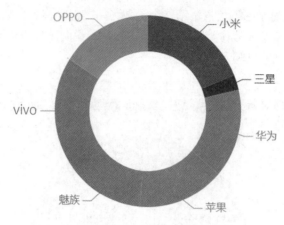

图 9-5　圆环图示例

9.3.3　绘制散点图

pyecharts 的 Scatter 类表示散点图，EffectScatter 类表示带有涟漪特效的散点图，这两个类中均提供了一个 add_yaxis() 方法，使用 add_yaxis() 方法可以为散点图添加数据和配置项。add_yaxis() 方法的语法格式如下所示：

```
add_yaxis(self, series_name, y_axis, is_selected=True, xaxis_index=None,
    yaxis_index=None, color=None, symbol=None, symbol_size=10,
    label_opts= opts.LabelOpts(position="right"), markpoint_opts=None,
    markline_opts=None, tooltip_opts=None, itemstyle_opts=None)
```

该方法常用参数的含义如下。

· series_name：表示系列的名称，显示于提示框和图例中。

· y_axis：表示系列数据。

· is_selected：表示是否选中图例。

· symbol：表示标记的图形。

· symbol_size：表示标记的大小。

下面绘制一个带有网格的散点图，展示某平台一周统计的用户活跃量，示例代码如下。

```
In [6]:
import pyecharts.options as opts
from pyecharts.charts import Scatter
scatter_demo = (
    Scatter()
    .add_xaxis(['周一', '周二', '周三', '周四', '周五', '周六', '周日'])
    .add_yaxis("", [30, 108, 73, 116, 73, 143, 106])
    # 设置标题、 x 轴网格、 y 轴网格和标签
    .set_global_opts(title_opts=opts.TitleOpts(title=" 散点图示例 "),
        xaxis_opts=opts.AxisOpts(splitline_opts=
            opts.SplitLineOpts(is_show=True)),
        yaxis_opts=opts.AxisOpts(splitline_opts=
            opts.SplitLineOpts(is_show=True), name=" 用户活跃量（人）",
```

```
                  name_location="center", name_gap=30)
        )
    )
scatter_demo.render_notebook()
```

以上示例首先导入了 options 模块和 Scatter 类，然后创建了一个 Scatter 类的对象，并且使用 add_xaxis() 方法添加 x 轴的数据，使用 add_yaxis() 方法添加 y 轴的数据，使用 set_global_opts() 方法设置 TitleOpts、AxisOpts、SplitLineOpts 3 个配置项，最后使用 render_notebook() 方法将散点图渲染到 Jupyter Notebook 工具中。

运行程序，效果如图 9-6 所示。

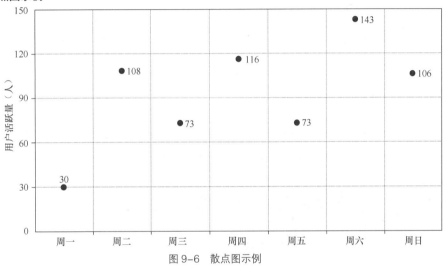

图 9-6 散点图示例

下面绘制一个带有涟漪特效的散点图，展示某平台一周统计的用户活跃量，示例代码如下。

```
In [7]:
import pyecharts.options as opts
from pyecharts.charts import EffectScatter
effect_scatter = (
    EffectScatter()
    .add_xaxis(['周一', '周二', '周三', '周四', '周五', '周六', '周日'])
    .add_yaxis("", [30, 108, 73, 116, 73, 143, 106], symbol='pin')
    # 设置标题、 x 轴网格、 y 轴网格和标签
    .set_global_opts(title_opts=opts.TitleOpts(title="涟漪特效散点图示例"),
        xaxis_opts=opts.AxisOpts(splitline_opts=
            opts.SplitLineOpts(is_show=True)),
        yaxis_opts=opts.AxisOpts(splitline_opts=
            opts.SplitLineOpts(is_show=True), name="用户活跃量（人）",
            name_location="center", name_gap=30)
    )
)
effect_scatter.render_notebook()
```

运行程序后，散点图中的标记一直重复类似涟漪的动画特效，效果如图 9-7 所示。

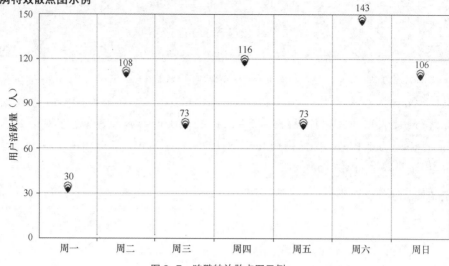

图 9-7　涟漪特效散点图示例

9.3.4　绘制 3D 柱形图

pyecharts 的 Bar3D 类表示 3D 柱形图，该类中提供了一个 add() 方法，使用 add() 方法可以为 3D 柱形图添加数据和配置项。add() 方法的语法格式如下：

```
add(self, series_name, data, shading=None, itemstyle_opts=None,
    label_opts=opts.LabelOpts(is_show=False),
    xaxis3d_opts=opts.Axis3DOpts(type_="category"),
    yaxis3d_opts=opts.Axis3DOpts(type_="category"),
    zaxis3d_opts=opts.Axis3DOpts(type_="value"),
    grid3d_opts=opts.Grid3DOpts())
```

该方法常用参数的含义如下。

· series_name：表示系列的名称。

· data：表示数据。

· shading：表示阴影。

· itemstyle_opts：表示图元样式配置项。

· xaxis3d_opts：表示 x 轴的配置项。

· yaxis3d_opts：表示 y 轴的配置项。

· zaxis3d_opts：表示 z 轴的配置项。

· grid3d_opts：表示 3D 图表网格的配置项。

下面绘制一个 3D 柱形图，展示某公司部门一周内各组的销售额，示例代码如下。

```
In [8]:
import random
from pyecharts import options as opts
from pyecharts.charts import Bar3D
data = [(i, j, random.randint(0, 20)) for i in range(7) for j in range(5)]
bar_3d = (
    Bar3D()
    .add("", [[d[1], d[0], d[2]] for d in data],
```

```
        xaxis3d_opts=opts.Axis3DOpts(['A组', 'B组', 'C组','D组', 'E组'],
        type_="category"),
        yaxis3d_opts=opts.Axis3DOpts([' 周一 ', ' 周二 ', ' 周三 ',' 周四 ',
        ' 周五 ', ' 周六 ', ' 周日 '], type_="category"),
        zaxis3d_opts=opts.Axis3DOpts(type_="value", name=" 销售额（万元）")
    )
    .set_global_opts(
        visualmap_opts=opts.VisualMapOpts(max_=30),
        title_opts=opts.TitleOpts(title="3D 柱形图示例 ")
    )
)
bar_3d.render_notebook()
```

运行程序，效果如图 9-8 所示。

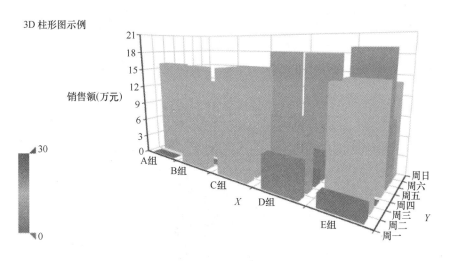

图 9-8　3D 柱形图示例

图 9-8 的 3D 柱形图中包含一个视觉映射组件，通过拖曳视觉映射组件的滑块可以控制图形中柱子的数量。

9.3.5　绘制统计地图

pyecharts 的 Map 类表示统计地图，该类中提供了一个 add() 方法，使用 add() 方法可以为统计地图添加数据和配置项。add() 方法的语法格式如下：

```
add(self, series_name, data_pair, maptype="china", is_selected=True,
    is_roam=True, center=None, zoom=1, name_map=None, symbol=None,
    is_map_symbol_show=True, label_opts=opts.LabelOpts(),
    tooltip_opts=None, itemstyle_opts=None, emphasis_label_opts=None,
    emphasis_itemstyle_opts=None)
```

该方法常用参数的含义如下。

· series_name：表示系列的名称。

· data_pair：表示数据项，可以为形如 (坐标点名称，坐标点值) 形式的值。

· maptype：表示地图的类型，具体类型可参考 pyecharts.datasets.map_filena mes.json 文件。

· is_roam：表示是否开启鼠标缩放和平移漫游，默认值为 True。

· center：表示当前视角的中心点。

· zoom：表示当前视角的缩放比例，默认值为 1。

· name_map：表示自定义地区的名称映射。

· is_map_symbol_show：表示是否显示标记图形。

下面绘制一个统计地图，展示某平台上朔州部分区县的用户数量，示例代码如下。

```
In [9]:
from pyecharts import options as opts
from pyecharts.charts import Map
data_map = [['朔城区', 100], ['平鲁区', 88], ['山阴县', 99], ['应县', 68],
           ['右玉县', 35], ['怀仁县', 28]]
# 创建 Map 对象
map_demo = (
Map()
.add("商家A", data_map, "朔州")
.set_global_opts(title_opts=opts.TitleOpts(title="朔州地图示例"),
                  visualmap_opts=opts.VisualMapOpts())
)
map_demo.render_notebook()
```

运行程序，效果如图 9-9 所示。

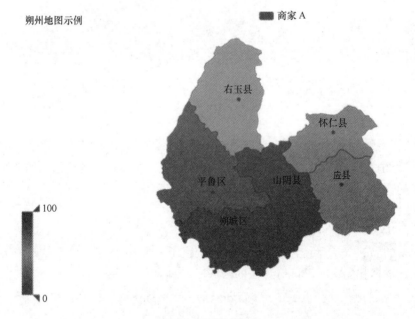

图 9-9　朔州地图示例

图 9-9 的统计地图中包含一个视觉映射组件，通过拖曳视觉映射组件的滑块可以控制图形中填充的地理区域。

9.3.6　绘制漏斗图

pyecharts 的 Funnel 类表示漏斗图，该类中提供了一个 add() 方法，使用 add() 方法可以为漏斗图添加数据和配置项。add() 方法的语法格式如下：

```
add(self, series_name, data_pair, is_selected=True, color=None,
    sort_="descending", gap=0, label_opts=opts.LabelOpts(),
    tooltip_opts=None, itemstyle_opts=None)
```

该方法常用参数的含义如下。

· series_name：表示系列的名称。

· data_pair：表示系列数据项。

· is_selected：表示是否选中图例。

· sort_：表示数据排序，可以取值为 'ascending'、'descending' 或 'none'。

· gap：表示数据图形的间距，默认为 0。

下面绘制一个漏斗图，展示某网购平台上各环节的客户转化率，示例代码如下。

```
In [10]:
from pyecharts import options as opts
from pyecharts.charts import Funnel
data_fun = [['访问商品', 100], ['加购物车', 50], ['生成订单', 30],
            ['支付订单', 20], ['完成交易', 15]]
# 创建 Funnel 对象
funnel_demo = (
    Funnel()
    .add("", data_fun, sort_='descending',
        tooltip_opts=opts.TooltipOpts(trigger="item",
        formatter="{a} <br/>{b} : {c}%"))
    .set_global_opts(title_opts=opts.TitleOpts(title="漏斗图示例"))
)
funnel_demo.render_notebook()
```

运行程序，效果如图 9-10 所示。

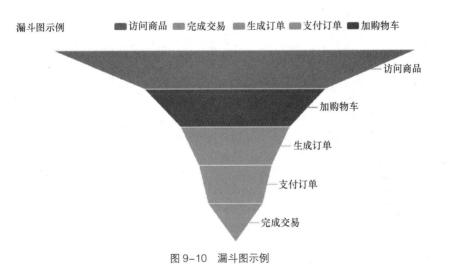

图 9-10　漏斗图示例

9.3.7　绘制桑基图

pyecharts 的 Sankey 类表示桑基图，该类中提供了一个 add() 方法，使用 add() 方法可以为桑基图添加数据和配置项。add() 方法的语法格式如下：

```
add(self, series_name, nodes, links, is_selected=True, node_width=20,
    node_gap=8, label_opts=opts.LabelOpts(),
    linestyle_opt=opts.LineStyleOpts(), tooltip_opts=None)
```

该方法常用参数的含义如下。

· series_name：表示系列的名称。

· nodes：表示节点的序列，格式是 [{"name": 节点的名称 1}, {"name": 节点的名称 2}, …]。

· links：表示边的序列，格式是 [{"source": 来源节点, "target": 目标节点, "value": 流量 }, …]。

· node_width：表示桑基图中每个矩形节点的宽度。

· node_gap：桑基图中每一列任意两个矩形节点之间的间隔。

· label_opts：表示标签配置项，它的值是 LabelOpts 类的对象

· linestyle_opt：表示线条样式配置项，它的值是 LineStyleOpts 类的对象。

下面绘制一个桑基图，展示某商铺新老客户群体的商品喜好，示例代码如下。

```
In [11]:
from pyecharts import options as opts
from pyecharts.charts import Sankey
nodes = [
    {"name": "消费者 "},
    {"name": "老客户 "},
    {"name": "新客户 "},
    {"name": "运动鞋 "},
    {"name": "衬衫 "},
    {"name": "连衣裙 "},
    {"name": "高跟鞋 "}
]
links = [
    {"source": "消费者 ", "target": "老客户 ", "value": 30},
    {"source": "消费者 ", "target": "新客户 ", "value": 20},
    {"source": "老客户 ", "target": "运动鞋 ", "value": 10},
    {"source": "老客户 ", "target": "衬衫 ", "value": 20},
    {"source": "新客户 ", "target": "连衣裙 ", "value": 10},
    {"source": "新客户 ", "target": "高跟鞋 ", "value": 10}
]
sankey_demo = (
    Sankey()
    .add(
        "", nodes=nodes, links=links,
        linestyle_opt=opts.LineStyleOpts(opacity=0.2, curve=0.5,
        color="source"),
        label_opts=opts.LabelOpts(position="right")
    )
    .set_global_opts(title_opts=opts.TitleOpts(title=" 桑基图示例 "))
)
sankey_demo.render_notebook()
```

运行程序，效果如图 9-11 所示。

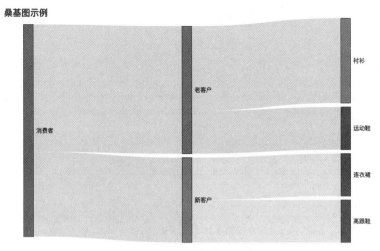

桑基图示例

图 9-11　桑基图示例

9.4　绘制组合图表

除了前面介绍的单图表，pyecharts 也支持绘制组合图表，即在同一画布显示的多个图表。多个图表按照不同的组合方式，可以分为并行多图、顺序多图、选项卡多图和时间轮播多图。下面将对组合图表的相关知识进行详细介绍。

9.4.1　并行多图

pyecharts.charts 的 Grid 类表示并行排列的组合图表，它可以采用左右布局或上下布局的方式显示多个图表。Grid类中包含一个add()方法，使用add()方法可以为组合图表添加配置项。add() 方法的语法格式如下：

```
add(self, chart, grid_opts, grid_index=0, is_control_axis_index=False)
```

该方法的参数含义如下。

· chart：表示图表。

· grid_opts：表示直角坐标系配置项。

· grid_index：表示直角坐标系网格索引，默认为 0。

· is_control_axis_index：表示是否由自己控制坐标轴索引，默认为 False。

下面绘制一个由柱形图和折线图组成的、采用上下布局方式的组合图表，示例代码如下。

```
In [12]:
from pyecharts import options as opts
from pyecharts.charts import Bar, Line, Grid
x_data = ['小米', '三星', '华为', '苹果', '魅族', 'vivo', 'OPPO']
y_a = [107, 36, 102, 91, 51, 113, 45]
y_b = [104, 60, 33, 138, 105, 111, 91]
bar = (
    Bar()
    .add_xaxis(x_data)
    .add_yaxis("商家A", y_a)
    .add_yaxis("商家B", y_b)
    .set_global_opts(title_opts=opts.TitleOpts(title="组合图表－柱形图"),
```

```
                    yaxis_opts=opts.AxisOpts(name=" 销售额（万元）",
                    name_location="center", name_gap=30))
)
line = (
    Line()
    .add_xaxis(x_data)
    .add_yaxis(" 商家 A", y_a, label_opts=opts.LabelOpts(position='bottom'))
    .add_yaxis(" 商家 B", y_b)
    .set_global_opts(
        title_opts=opts.TitleOpts(title=" 组合图表 - 折线图 ", pos_top="48%"),
        legend_opts=opts.LegendOpts(pos_top="48%"),
        yaxis_opts=opts.AxisOpts(name=" 销售额（万元）", name_location="center",
        name_gap=30)
    )
)
# 创建组合图表，并以上下布局的方式显示柱形图和折线图
grid = (
    Grid()
    .add(bar, grid_opts=opts.GridOpts(pos_bottom="60%"))
    .add(line, grid_opts=opts.GridOpts(pos_top="60%"))
)
grid.render_notebook()
```

运行程序，效果如图 9-12 所示。

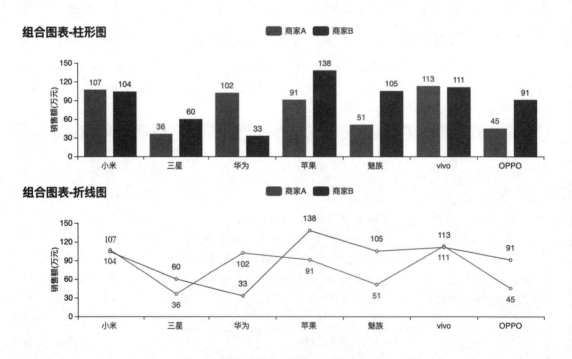

图 9-12　并行排列的柱形图 + 折线图示例

9.4.2 顺序多图

pyecharts.charts 的 Page 类表示顺序显示的组合图表，它可以在同一网页中按顺序渲染多个图表。Page 类的构造方法的语法格式如下所示：

```
Page(page_title="Awesome-pyecharts", js_host= "",
     interval=1, layout=PageLayoutOpts())
```

该方法的参数含义如下。

· page_title：表示 HTML 网页的标题。

· js_host：表示远程的主机地址，默认为 "https://assets.pyecharts.org/assets/"。

· interval：表示图例的间隔，默认为 1。

· layout：表示布局配置项。

Page 类提供了一个 add() 方法，使用 add() 方法可以为组合图表添加配置项。

下面绘制一个由柱形图和折线图组成的、按顺序显示的组合图表，示例代码如下。

```
In [13]:
from pyecharts import options as opts
from pyecharts.charts import Bar, Line, Page
x_data = ['小米', '三星', '华为', '苹果', '魅族', 'vivo', 'OPPO']
y_a = [107, 36, 102, 91, 51, 113, 45]
y_b = [104, 60, 33, 138, 105, 111, 91]
bar = (
    Bar()
    .add_xaxis(x_data)
    .add_yaxis("商家A", y_a)
    .add_yaxis("商家B", y_b)
    .set_global_opts(title_opts=opts.TitleOpts(title="组合图表-柱形图"),
                     yaxis_opts=opts.AxisOpts(name="销售额(万元)",
                     name_location="center", name_gap=30))
)
line = (
    Line()
    .add_xaxis(x_data)
    .add_yaxis("商家A", y_a)
    .add_yaxis("商家B", y_b)
    .set_global_opts(title_opts=opts.TitleOpts(title="组合图表-折线图"),
                     yaxis_opts=opts.AxisOpts(name="销售额(万元)",
                     name_location="center", name_gap=30))
)
# 创建组合图表，并在同一网页上按顺序显示柱形图和折线图
page = Page()
page.add(bar, line)
page.render_notebook()
```

运行程序，效果如图 9-13 所示。

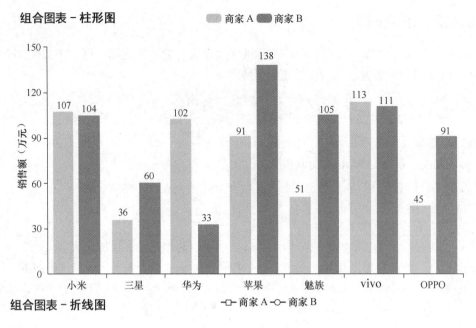

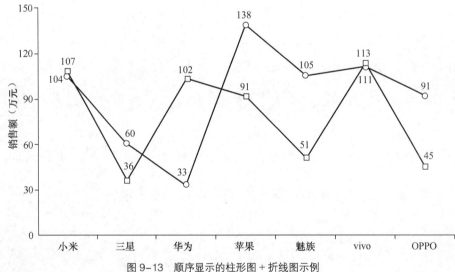

图 9-13 顺序显示的柱形图 + 折线图示例

9.4.3 选项卡多图

pyecharts.charts 的 Tab 类表示以选项卡形式显示的组合图表，它可以通过单击不同的选项卡来切换显示多个图表。Tab 类的构造方法的语法格式如下所示：

```
Tab(page_title="Awesome-pyecharts", js_host="")
```

该方法的参数与 Page() 方法的参数相同，此处不再赘述。

Tab 类提供了一个 add() 方法，使用 add() 方法可以为组合图表添加图表。add() 方法的语法格式如下所示：

```
add(self, chart, tab_name)
```

该方法的参数 chart 表示任意图表，tab_name 表示选项卡标签的名称。

下面绘制一个由柱形图和折线图组成的选项卡形式的组合图表，示例代码如下。

```
In [14]:
from pyecharts import options as opts
from pyecharts.charts import Bar, Line, Tab
x_data = ['小米', '三星', '华为', '苹果', '魅族', 'vivo', 'OPPO']
y_a = [107, 36, 102, 91, 51, 113, 45]
y_b = [104, 60, 33, 138, 105, 111, 91]
bar = (
    Bar()
    .add_xaxis(x_data)
    .add_yaxis("商家A", y_a)
    .add_yaxis("商家B", y_b)
    .set_global_opts(yaxis_opts=opts.AxisOpts(name="销售额（万元）",
                     name_location="center", name_gap=30))
)
line = (
    Line()
    .add_xaxis(x_data)
    .add_yaxis("商家A", y_a)
    .add_yaxis("商家B", y_b)
    .set_global_opts(yaxis_opts=opts.AxisOpts(name="销售额（万元）",
                     name_location="center", name_gap=30))
)
# 创建组合图表，并以单击选项卡的方式显示柱形图或折线图
tab = Tab()
tab.add(bar, "柱形图")
tab.add(line, "折线图")
tab.render_notebook()
```

运行程序，效果如图 9-14 所示。

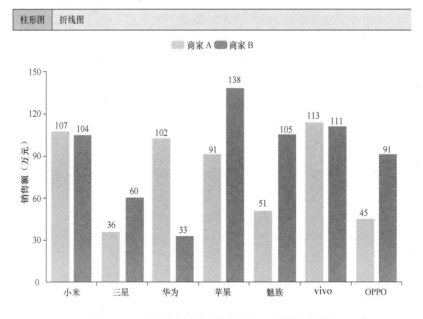

图 9-14 以选项卡形式显示的柱形图 + 折线图示例

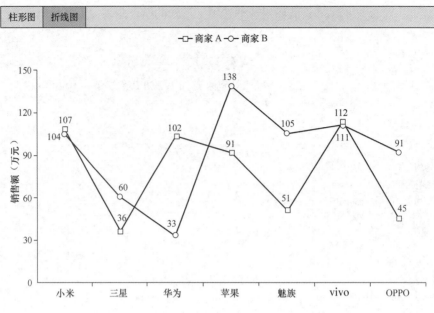

图 9-14　以选项卡形式显示的柱形图 + 折线图示例（续）

9.4.4　时间线轮播多图

pyecharts.charts 的 Timeline 类表示按时间线轮播的组合图表，它可以通过单击时间线的不同时间来切换显示多个图表。Timeline 类中提供了两种重要的方法：add_schema() 和 add()。下面分别进行介绍。

1. add_schema() 方法

add_schema() 方法用于为图表添加指定样式的时间线，其语法格式如下所示：

```
add_schema(self, axis_type="category", orient="horizontal", symbol=None,
    symbol_size=None, play_interval=None, is_auto_play=False,
    is_loop_play=True, is_rewind_play=False, is_timeline_show=True,
    is_inverse=False, pos_left=None, pos_right=None, pos_top=None,
    pos_bottom="-5px", width=None, height=None, linestyle_opts=None,
    label_opts=None, itemstyle_opts=None)
```

该方法常用参数的含义如下。

· axis_type：表示坐标轴的类型，可以取值为 value(数值轴)、category(类目轴)、time(时间轴)、log(对数轴)。

· orient：表示时间线的类型，可以取值为 horizontal(水平) 和 vertical(垂直)。

· play_interval：表示播放的速度（跳动的间隔），单位为 ms。

· is_auto_play：表示是否自动播放，默认为 False。

· is_loop_play：表示是否循环播放，默认为 True。

· is_rewind_play：表示是否反向播放，默认为 False。

· is_timeline_show：表示是否显示时间线组件。

· width：表示时间线区域的宽度。

· height：表示时间线区域的高度。

2. add()方法

add()方法用于添加图表和时间点，其语法格式如下所示：

```
add(self, chart, time_point)
```

该方法的参数 chart 表示图表，time_point 表示时间点。

下面绘制一个由多个柱形图组成的带时间线的组合图表，示例代码如下。

```
In [15]:
# 导入pyecharts官方的测试数据
from pyecharts.faker import Faker
from pyecharts import options as opts
from pyecharts.charts import Bar, Page, Pie, Timeline
# 随机获取一组测试数据
x = Faker.choose()
tl = Timeline()
for i in range(2015, 2020):
    bar = (
        Bar()
        .add_xaxis(x)
        # Faker.values() 生成一个包含7个随机整数的列表
        .add_yaxis("商家A", Faker.values())
        .add_yaxis("商家B", Faker.values())
        .set_global_opts(title_opts=opts.TitleOpts("时间线轮播柱形图示例"),
                    yaxis_opts=opts.AxisOpts(name="销售额（万元）",
                    name_location="center", name_gap=30))
    )
    tl.add(bar, "{}年".format(i))
tl.render_notebook()
```

运行程序，效果如图 9-15 所示。

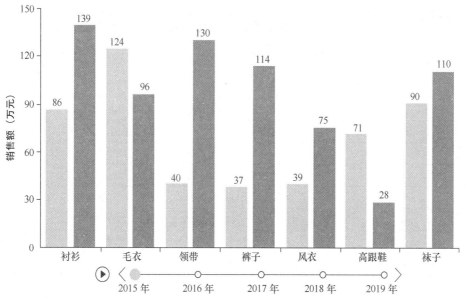

图 9-15 时间线轮播柱形图示例

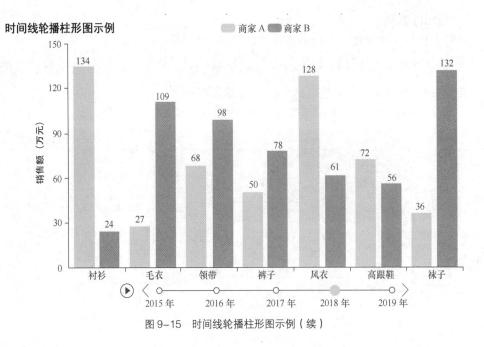

图 9-15　时间线轮播柱形图示例（续）

图 9-15 的下方增加了时间线，通过单击时间线的时间刻度可以展示其对应的单图表，还可以单击时间线左侧的播放按钮自动轮播每个图表。

多学一招：pyecharts.faker包

pyecharts.faker 是一个由 pyecharts 官方提供的测试数据包，它包含一个 Faker 类，通过 Faker 对象访问属性来获取一些测试数据。Faker 对象的常用属性及其对应的测试数据如表 9-4 所示。

表 9-4　Faker 对象的常用属性及其对应的测试数据

属性	测试数据
clothes	["衬衫", "毛衣", "领带", "裤子", "风衣", "高跟鞋", "袜子"]
drinks	["可乐", "雪碧", "橙汁", "绿茶", "奶茶", "百威", "青岛"]
phones	["小米", "三星", "华为", "苹果", "魅族", "vivo", "OPPO"]
fruits	["草莓", "芒果", "葡萄", "雪梨", "西瓜", "柠檬", "车厘子"]
animal	["河马", "蟒蛇", "老虎", "大象", "兔子", "熊猫", "狮子"]
dogs	["哈士奇", "萨摩耶", "泰迪", "金毛", "牧羊犬", "吉娃娃", "柯基"]
week	["周一", "周二", "周三", "周四", "周五", "周六", "周日"]
cars	["宝马", "法拉利", "奔驰", "奥迪", "大众", "丰田", "特斯拉"]
provinces	["广东", "北京", "上海", "江西", "湖南", "浙江", "江苏"]
guangdong_city	["汕头市", "汕尾市", "揭阳市", "阳江市", "肇庆市", "广州市", "惠州市"]

除此之外，Faker 对象还包含两种比较常用的方法：choose() 和 values()。其中，choose() 是一种实例方法，用于从表 9-4 的前 7 组测试数据中随机获取一组测试数据；values() 是一种静态方法，用于生成一个包含 7 个随机整数 n（$20 \leq n \leq 150$）的列表。

9.5 定制图表主题

pyecharts 内置了 10 多种不同风格的图表主题，包括 LIGHT、DARK、CHALK 等，并将这些图表主题封装在全局变量 ThemeType 引用类的属性中。ThemeType 类的常用属性及其说明如表 9-5 所示。

表 9-5 ThemeType 类的常用属性及其说明

属性	说明
LIGHT	蓝黄粉，高亮颜色
DARK	红蓝，黑色背景
WHITE	红蓝，默认颜色
CHALK	红蓝绿，黑色背景
ESSOS	红黄，暖色系颜色
INFOGRAPHIC	红蓝黄，偏亮颜色
MACARONS	紫绿
PURPLE_PASSION	粉紫，灰色背景
ROMA	红黑灰，偏暗颜色
ROMANTIC	红粉蓝，淡黄色背景
SHINE	红黄蓝绿，对比度较高的颜色
VINTAGE	红灰，淡黄色背景

表 9-5 中列举的属性可以传入 InitOpts() 方法的 theme 参数，之后在初始化图表类时将 InitOpts 类对象传给 init_opts 参数，从而修改图表默认的主题风格。

例如，将 9.4.1 节的示例中绘制的柱形图的主题风格改为 ROMA，具体代码如下。

```
In [16]:
from pyecharts import options as opts
from pyecharts.charts import Bar
from pyecharts.globals import ThemeType
x_data = ['小米', '三星', '华为', '苹果', '魅族', 'vivo', 'OPPO']
y_a = [107, 36, 102, 91, 51, 113, 45]
y_b = [104, 60, 33, 138, 105, 111, 91]
bar = (
    # 创建 Bar 类对象，将图表主题替换为 ThemeType.ROMA
    Bar(init_opts=opts.InitOpts(theme=ThemeType.ROMA))

    .add_xaxis(x_data)
    .add_yaxis("商家 A", y_a)
    .add_yaxis("商家 B", y_b)
    .set_global_opts(title_opts=opts.TitleOpts(title="柱形图 -ROMA 主题"),
                    yaxis_opts=opts.AxisOpts(name="销售额（万元）",
                    name_location="center", name_gap=30))
)
bar.render_notebook()
```

运行程序，效果如图 9-16 所示。

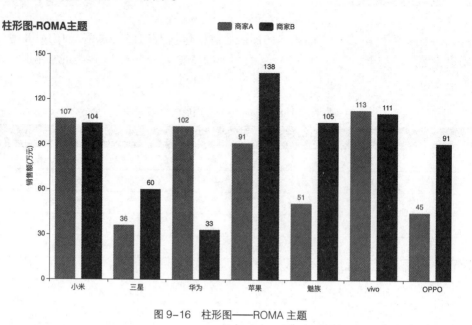

图 9-16　柱形图——ROMA 主题

除了内置主题，pyecharts 也支持使用用户自定义的主题风格，具体的操作流程可参考 pyecharts 官网，此处不再赘述。

9.6　整合 Web 框架

pyecharts 可以轻松地整合 Web 框架，包括主流的 Django 和 Flask 框架等，实现在 Web 项目中绘制图表的功能。不同的框架和使用场景需要有不同的整合方法。下面以整合 Django 框架为例，为大家演示如何在 Django 项目中使用 pyecharts。

1. 新建 Django 项目

（1）打开命令行工具，在命令提示符的后面输入如下命令：

```
django-admin startproject pyecharts_django_demo
```

以上命令执行后会在根目录中创建一个名称为 pyecharts_django_demo 的 Django 项目。

（2）创建项目之后，继续在命令行中输入如下命令创建一个应用程序。

```
python manage.py startapp demo
```

（3）打开 pyecharts_django_demo/settings.py 文件，在该文件中注册应用程序 demo，注册完的代码如下所示。

```
# pyecharts_django_demo/settings.py
INSTALLED_APPS = [
    'django.contrib.admin',
    'django.contrib.auth',
    'django.contrib.contenttypes',
```

```
    'django.contrib.sessions',
    'django.contrib.messages',
    'django.contrib.staticfiles',
    'demo'  # 注册的应用程序
]
```

（4）由于创建的 demo 应用中不包含 urls.py 文件，需要手动创建 urls.py 文件。在 demo 应用的 urls.py 文件中添加路由，代码如下。

```
from django.conf.urls import url
from . import views
urlpatterns = [
    url(r'^$', views.index, name='index')
]
```

（5）在 pyecharts_django_demo/urls.py 文件中增加 'demo.urls'，代码如下。

```
pyecharts_django_demo/urls.py
from django.conf.urls import include, url
from django.contrib import admin
urlpatterns = [
    url(r'^admin/', admin.site.urls),
    url(r'demo/', include('demo.urls'))
]
```

2. 复制 pyecharts 模板

在 demo 目录下新建 templates 文件夹，此时 demo 的目录如下所示。

```
__init__.py  __pycache__  admin.py  apps.py  migrations  models.py
templates  tests.py  urls.py  views.py
```

将位于 pyecharts.render.templates 目录下 pyecharts 模板中的 macro 和 simple_chart.html 文件复制到新建的 templates 文件夹中。

3. 渲染图表

打开 demo/views.py 文件，在该文件中增加绘制图表的代码，具体如下。

```
from jinja2 import Environment, FileSystemLoader
from pyecharts.globals import CurrentConfig
from django.http import HttpResponse
CurrentConfig.GLOBAL_ENV = Environment(loader=FileSystemLoader("./demo/templates"))
from pyecharts import options as opts
from pyecharts.charts import Bar
def index(request):
    c = (
        Bar()
        .add_xaxis(["衬衫", "羊毛衫", "雪纺衫", "裤子", "高跟鞋", "袜子"])
        .add_yaxis("商家A", [5, 20, 36, 10, 75, 90])
        .add_yaxis("商家B", [15, 25, 16, 55, 48, 8])
        .set_global_opts(title_opts=opts.TitleOpts(title="柱形图示例",
            subtitle="我是副标题"), yaxis_opts=opts.AxisOpts(name="销售额（万元）",
            name_location="center", name_gap=30))
```

```
    )
    return HttpResponse(c.render_embed())
```

4. 运行项目

在命令行中输入如下命令：

```
python manage.py runserver
```

在浏览器中打开 http://127.0.0.1:8000/demo 即可访问服务，此时的页面如图 9–17 所示。

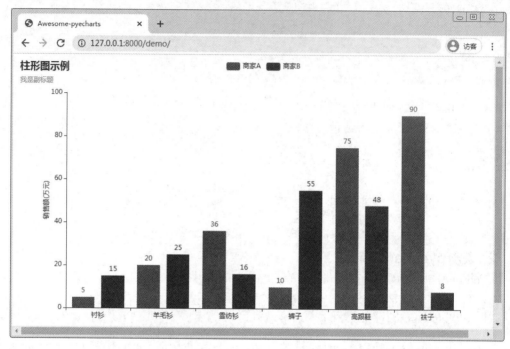

图 9–17   柱形图示例

9.7   实例：虎扑社区分析

虎扑是一个有趣的社区，每天有众多 JRs（虎扑网友间的称呼，译为家人们）在虎扑社区上分享自己对篮球、足球、游戏电竞、运动装备、影视、汽车、数码、情感等的见解。某网站对虎扑社区的用户及其行为进行了数据采集，将虎扑近 3 个月的 1000 多个帖子作为抽样数据。下面对虎扑各板块发帖数、社区和 NBA 板块的 24 小时发帖量、朔州市用户地域分布进行画图分析，具体内容如下。

1. 虎扑各板块发帖数

虎扑社区主要包括 NBA、CBA、足球、步行街、游戏电竞等多个板块，各板块的用户发帖量如表 9–6 所示。

表 9-6　虎扑各板块的用户发帖量　　　　　　　　　　单位：个

板块	发帖数量
NBA	232345
CBA	16976
国际足球	44381
中国足球	124
步行街	512266
游戏电竞	129065
自建板块	3805
运动装备	35124
综合体育	4454
虎扑社团	646
站务管理	34467

根据表 9-6 的数据，使用 pyecharts 的 Pie 类创建一个圆环图，具体代码如下。

```
In [17]:
import pyecharts.options as opts
from pyecharts.globals import ThemeType
from pyecharts.charts import Pie, Line, Map, Page
pie_hupu = (
    Pie()
    # 添加数据
    .add("", [('NBA', 232345), ('CBA', 16976), (' 国际足球 ', 44381),
             (' 中国足球 ', 124), (' 步行街 ', 512266), (' 游戏电竞 ', 129065),
             (' 自建板块 ', 3805), (' 运动装备 ', 35124), (' 综合体育 ', 4454),
             (' 虎扑社团 ', 646), (' 站务管理 ', 34467)], center=["50%", "50%"],
             radius=[100, 160])
    # 设置标题和图例
    .set_global_opts(title_opts=opts.TitleOpts(title=" 虎扑社区各板块发帖数 "),
                legend_opts=opts.LegendOpts(pos_left=10,
                pos_top=80, orient='vertical'))
)
```

2. 虎扑社区和 NBA 板块的 24 小时发帖量

虎扑社区中 NBA 的发帖数量一直居高不下，NBA 成为大多数用户谈论的话题。某网站某天每隔 2 小时统计了虎扑社区和 NBA 板块的发帖量，整理后如表 9-7 所示。

表 9–7   虎扑社区和 NBA 板块 24 小时的发帖量   单位：个

时间	NBA 发帖数量	虎扑发帖数量
0:00	259	1221
2:00	114	370
4:00	134	359
6:00	397	845
8:00	840	2270
10:00	1577	3582
12:00	1413	2947
14:00	713	2215
16:00	647	2106
18:00	448	1843
20:00	462	2045
22:00	514	2178

根据表 9-7 的数据，使用 pyecharts 的 Line 类创建一个折线图，具体代码如下。

```
In [18]:
line_hupu = (
    Line(init_opts=opts.InitOpts(theme=ThemeType.ROMA))
    .add_xaxis(['{} : 00'.format(num) for num in range(24) if num%2==0])
    .add_yaxis('NBA', [259, 114, 134, 397, 840, 1577, 1413, 713, 647,
               448, 462, 514], symbol='diamond', symbol_size=15)
    .add_yaxis(' 虎扑 ', [1221, 370, 359, 845, 2270, 3582, 2947, 2215, 2106,
                1843, 2045, 2178], symbol='triangle', symbol_size=15)
    .set_global_opts(title_opts=opts.TitleOpts(
    title=" 虎扑社区和 NBA 板块 24 小时发帖数 "), yaxis_opts=opts.AxisOpts(
    name=" 发帖数（个）", name_location="center", name_gap=40))
)
```

3. 虎扑社区朔州市用户地域分布

虎扑社区的用户群体日益壮大，且遍布全国各地。某网站对社区内朔州市各地区用户量进行粗略统计，统计结果（模拟数据）如表 9–8 所示。

表 9–8   虎扑社区朔州市各地区用户量   单位：人

区 / 县	用户数量
朔城区	100
平鲁区	70
山阴县	68

续表

区／县	用户数量
应县	40
右玉县	30
怀仁县	30

根据表 9-8 的数据，使用 pyecharts 的 Map 类创建一个统计地图，具体代码如下。

```
In [19]:
from pyecharts import options as opts
from pyecharts.charts import Map
data_map = [['朔城区', 100], ['平鲁区', 70], ['山阴县', 68], ['应县', 40],
            ['右玉县', 30], ['怀仁县', 30]]
map_hupu = (
    Map()
    .add("", data_map, maptype="朔州")
    .set_global_opts(title_opts=opts.TitleOpts(
                      title="虎扑朔州市用户地域分布"),
    visualmap_opts=opts.VisualMapOpts(max_=100))
)
```

下面使用 pyecharts 的 Page 类创建一个组合图表，将以上创建的圆环图、折线图、统计地图按顺序依次展示到同一网页中，具体代码如下：

```
In [20]:
page = Page()
page.add(pie_hupu, line_hupu, map_hupu)
page.render_notebook()
```

运行程序，效果如图 9-18 所示。

虎扑社区各板块发帖数

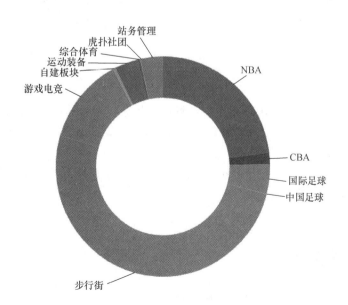

图 9-18　组合图表

虎扑社区和 NBA 板块 24 小时发帖数

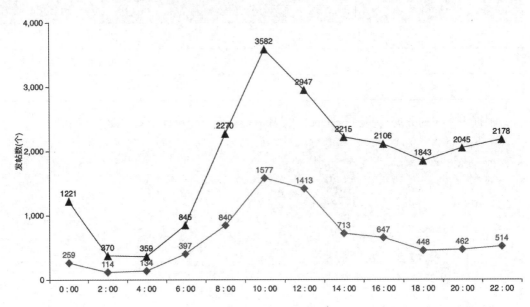

虎扑朔州市用户地域分布

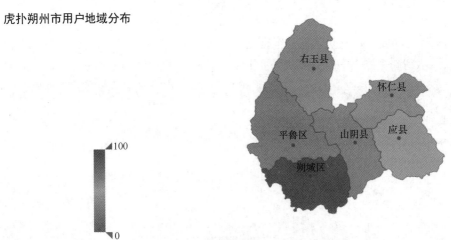

图 9-18　组合图表（续）

　　图 9-18 中，圆环图展示了虎扑社区各板块发帖数的占比情况，由圆环图可知，步行街板块发帖数的占比最大，中国足球、虎扑社团板块发帖数的占比相对较小；折线图展示了虎扑社区和 NBA 板块的全天发帖数，由折线图可知，虎扑社区 10 点的发帖量最大，说明 10 点左右是用户较为活跃的时间段；统计地图展示了朔州市用户的地域分布情况，由统计地图可知，朔城区的用户最多。

9.8　本章小结

　　本章主要介绍了后来兴起的优秀的数据可视化工具 pyecharts，包括 pyecharts 概述、pyecharts

基础知识、绘制常用图表、绘制组合图表、定制图表主题、整合 Web 框架，并围绕着这些知识点开发了一个实例——虎扑社区分析。通过学习本章的内容，读者可以体会 pyecharts 的神奇之处，学会使用 pyecharts 绘制简单的 ECharts 图表。

9.9　习题

一、填空题

1. pyecharts 是一个针对 Python 用户开发的、用于生成_____图表的库。
2. 链式调用是一种简化_____多次访问属性或调用方法的编码方式。
3. render_embed() 方法用于将图表_____到 Jupyter Notebook 工具中。
4. pyecharts.charts 的 Tab 类表示以_____形式显示的组合图表。
5. pyecharts 将图表主题封装为全局变量_____引用类的属性。

二、判断题

1. 链式调用可以避免多次重复使用同一个对象变量。（　　）
2. pyecharts 可以将系列配置项传入 set_global_options() 方法来配置图表。（　　）
3. pyecharts 不允许用户使用自定义的主题风格。（　　）
4. pyecharts 可以轻松地整合 Web 框架。（　　）
5. Timeline 类表示按时间线轮播的组合图表，可通过单击时间线的时间节点来切换图表。（　　）

三、选择题

1. 下列选项中，可以创建漏斗图的是（　　）。
   A. Scatter　　　　　B. Map　　　　　　C. Funnel　　　　　D. Sankey
2. 关于配置项，下列描述正确的是（　　）。
   A. 全局配置项是一些针对图表特定元素属性的配置项
   B. 系列配置项是一些针对图表通用属性的配置项
   C. pyecharts 可以将 InitOpts 实例传入 set_global_options() 方法为图表设置初始化配置项
   D. pyecharts 可以将系列配置项传入 add() 或 add_××() 方法来配置图表
3. 下列组合多图的方式中，可以采用左右布局的方式显示多个图表的是（　　）。
   A. 并行多图　　　B. 顺序多图　　　C. 选项卡多图　　D. 时间线轮播多图
4. 下列方法中，可以将图表渲染到 HTML 文件的是（　　）。
   A. render()　　　　　　　　　　　B. render_notebook()
   C. render_embed()　　　　　　　　D. load_javascript()
5. 下列选项中，可以修改图表主题风格的是（　　）。
   A.

```
Bar(init_opts=opts.InitOpts(theme=ThemeType.ROMA))
```

   B.

```
Bar(init_opts=opts.InitOpts(theme=ROMA))
```

C.

```
Bar(theme=ROMA)
```

D.

```
Bar(theme=ThemeType.ROMA)
```

四、简答题

1. 请简述 pyecharts 的优势。
2. 请简述 pyecharts 绘制图表的基本流程。

五、编程题

1. 某网站对虎扑社区用户的注册时间与总人数进行了统计，具体如表 9-9 所示。

表 9-9　虎扑社区用户的注册时间与总人数　　　　　　　单位：个

注册时间	总人数
2009 年	3095
2010 年	4245
2011 年	6673
2012 年	10701
2013 年	13642
2014 年	31368
2015 年	40949
2016 年	41776
2017 年	56213
2018 年	64143

根据表 9-9 的数据使用 pyecharts 绘制一个图表，具体要求如下：

（1）绘制一个说明虎扑社区用户注册时间分布的柱形图；

（2）柱形图的 x 轴为注册时间，y 轴为注册的人数；

（3）柱形图的主题风格为 ROMANTIC。

2. 已知虎扑社区上男用户与女用户的比例分别为 4.6% 与 95.4%。使用 pyecharts 分别绘制说明男用户与女用户比例的象形柱形图。